劳动预备制教材
职业培训教材

# 计算机操作

中国劳动社会保障出版社

图书在版编目(CIP)数据

计算机操作/李刚，石伟主编. —北京：中国劳动社会保障出版社，2011
劳动预备制教材　职业培训教材
ISBN 978-7-5045-9066-4

Ⅰ.①计… Ⅱ.①李…②石… Ⅲ.①电子计算机-技术培训-教材　Ⅳ.①TP3

中国版本图书馆 CIP 数据核字(2011)第 112439 号

中国劳动社会保障出版社出版发行
(北京市惠新东街1号　邮政编码：100029)
出 版 人：张梦欣

\*

北京玥实印刷有限公司印刷装订　新华书店经销
787 毫米×1092 毫米　16 开本　9.25 印张　216 千字
2011 年 7 月第 1 版　2019 年 6 月第 11 次印刷
定价：18.00 元

读者服务部电话：(010) 64929211/84209101/64921644
营销中心电话：(010) 64962347
出版社网址：http://www.class.com.cn

版权专有　　侵权必究

如有印装差错，请与本社联系调换：(010) 81211666
我社将与版权执法机关配合，大力打击盗印、销售和使用盗版
图书活动，敬请广大读者协助举报，经查实将给予举报者奖励。
举报电话：(010) 64954652

# 前　言

《中华人民共和国就业促进法》规定："国家采取措施建立健全劳动预备制度，县级以上地方人民政府对有就业要求的初高中毕业生实行一定期限的职业教育和培训，使其取得相应的职业资格或者掌握一定的职业技能。"

为进一步加强劳动预备制培训教材建设，满足各地实施劳动预备制对教材的需求，我们会同中国劳动社会保障出版社，组织有关人员对2000年出版的机械加工、电工、计算机、汽车、烹饪、饭店服务、商业、服装、建筑等类劳动预备制培训的专业课教材进行修订改版，并新编了美容美发、保健护理、物流、数控加工、会计、家政服务等类专业课教材。

在组织修订、编写教材时，考虑到接受培训人员的实际水平，为了使学员在较短时间内掌握从业必备的基本知识和操作技能，我们力求做到学习的理论知识为掌握操作技能服务，操作技能实践课题与生产实际紧密结合，内容深入浅出、图文并茂，增强教材的实用性和可读性。同时，注意在教材中反映新知识、新技术、新工艺和新方法，努力提高教材的先进性。

为了在规定的期限内更好地完成劳动预备制培训，各专业按照公共课＋专业课的模式进行教学。公共课分为必修课和选修课，教材为《法律常识》《职业道德》《就业指导》《计算机应用》《劳动保护知识》《应用数学》《实用写作》《英语日常用语》《实用物理》《交际礼仪》。专业课教材分为专业基础知识教材和专业技术（理论和实训一体化）教材。

在这批教材的修订、编写过程中，编审人员克服各种困难，较好地完成了任务。在此，谨向付出辛勤劳动的编审人员表示衷心感谢。

由于编写时间有限，教材中可能有一些不足之处，我们将在教材使用过程中听取各方面的意见，适时进行修改，使其趋于完善。

人力资源和社会保障部教材办公室

# 简　介

本书是劳动预备制培训计算机类专业基础课教材，主要内容包括：认识计算机、使用Windows操作系统、键盘操作和输入法、使用Word软件编辑文档、使用Excel软件编制电子表格、使用IE浏览器访问因特网等。

本书在编写过程中，力求做到语言简洁，通俗易懂，通过大量的实例进行讲解，便于学习者在短时间内理解和掌握计算机专业的基础知识和常用操作。

本书由李刚、石伟主编，李振涛、徐陶冶、郑薇、李利、李伟参编；刘莹昕审稿。

# 目 录

**第一单元 初步认识计算机** ……………………………………………（ 1 ）
    模块一 计算机的发展和应用 …………………………………（ 1 ）
    模块二 认识计算机的组成 ……………………………………（ 2 ）
    模块三 计算机使用的注意事项 ………………………………（ 4 ）
    操作技能训练 ……………………………………………………（ 6 ）

**第二单元 使用 Windows 操作系统** …………………………………（ 8 ）
    模块一 Windows 系统基本操作 ……………………………（ 8 ）
    模块二 文件和文件夹操作 ……………………………………（ 18 ）
    模块三 Windows 系统设置 …………………………………（ 28 ）
    操作技能训练 ……………………………………………………（ 41 ）

**第三单元 键盘操作和输入法** ………………………………………（ 43 ）
    模块一 计算机键盘操作 ………………………………………（ 43 ）
    模块二 中文输入法 ……………………………………………（ 48 ）
    操作技能训练 ……………………………………………………（ 56 ）

**第四单元 使用 Word 软件编辑文档** ………………………………（ 58 ）
    模块一 文档基本操作 …………………………………………（ 58 ）
    模块二 文档编辑与排版 ………………………………………（ 63 ）
    模块三 Word 表格操作 ………………………………………（ 72 ）
    模块四 图文混排 ………………………………………………（ 85 ）
    操作技能训练 ……………………………………………………（100）

**第五单元 使用 Excel 软件编制电子表格** …………………………（102）
    模块一 工作表的创建及基本操作 ……………………………（102）
    模块二 工作表的编辑及格式化 ………………………………（105）
    模块三 Excel 图表的使用 ……………………………………（120）
    操作技能训练 ……………………………………………………（126·）

**第六单元 使用 IE 浏览器访问因特网** ………………………………（127）

模块一　IE浏览器的基本操作 …………………………………………（127）
模块二　电子邮件的基本操作 …………………………………………（133）
操作技能训练 ……………………………………………………………（139）

# 第一单元　初步认识计算机

在过去的一个世纪中，电子计算机的发明极大地改变了我们的世界。随着计算机技术的发展，计算机得到越来越广泛的应用，掌握计算机的使用知识已经成为一种基本的技能。本单元主要介绍计算机的发展及应用、计算机系统的基本组成，以及计算机使用中的注意事项等。

## 模块一　计算机的发展和应用

**学习目标**
1. 了解计算机的发展阶段。
2. 了解计算机的分类。
3. 掌握计算机的应用领域。

**一、计算机的发展**

计算机作为一种计算工具，经过了多年的发展。1946 年美国宾夕法尼亚大学研制的电子数字式积分计算机 ENIAC 是世界上第一台通用计算机。一般认为它是现代电子计算机的始祖。根据电子计算机采用的物理器件的不同，一般把计算机的发展分为四个阶段，习惯上称为四代。

第一代（1946—1958 年）：电子管计算机时代。其主要特点是采用电子管作为基本器件，它体积大，笨重，功耗大，产生热量多，容易出错。在这一时期主要为军事与国防的需要而研制计算机，并进行相关的研究工作，为计算机的发展奠定了基础。

第二代（1959—1964 年）：晶体管计算机时代。这一时期的计算机采用晶体管代替了电子管，因而缩小了体积，降低了功耗，延长了寿命，提高了计算机的运算速度和可靠性。

第三代（1965—1970 年）：集成电路计算机时代。这一时期的计算机采用中、小规模集成电路取代了晶体管，计算机的体积更小，寿命更长，功耗、价格进一步降低，速度和可靠性相应提高。

第四代（1971 年至今）：大规模集成电路和超大规模集成电路时代。采用大规模和超大规模集成电路取代了中小规模集成电路，它标志着微型计算机时代的开始。

**二、计算机的分类**

根据计算机的用途、价格、体积和性能等标准将其分成不同的种类。按大小可以把计算机划分为巨型机、小巨型机、大型机、小型机、工作站和个人计算机。在日常工作、学习和生活中，常把计算机分为服务器、工作站、台式计算机、笔记本计算机、手持式计算机等。

### 三、计算机的应用

计算机的应用非常广泛。早期的计算机主要应用在科学计算、数据处理、计算机控制等几个方面。随着微型计算机的发展和迅速普及，计算机的应用已渗透到人类生活的各个方面，从生产和工作，到生活和消费娱乐，到处都可见到计算机的应用。因此，计算机的应用能力已经成为人们必备的基本能力之一。

**1. 科学计算**

科学计算是计算机最重要的应用之一。在科学研究和工程设计中，计算机承担着复杂的计算任务。计算机具有高速度、高精度的运算能力，可解决靠人工无法解决的问题。

**2. 信息处理**

信息处理是指用计算机对信息进行收集、加工、存储、传递等工作，对大量的信息进行分析、分类、统计等。计算机的信息处理功能已经广泛应用于企业管理、办公自动化、信息检索等领域。

**3. 过程控制**

过程控制是指利用计算机对工业生产过程或生产装置的运行状况进行数据采集、数据分析、数据检测及自动控制。

**4. 计算机辅助功能**

计算机的辅助功能主要有计算机辅助设计、计算机辅助制造、计算机辅助教学和计算机辅助测试等。

**5. 人工智能**

人工智能是利用计算机对人的智能进行模拟，使计算机具有推理、学习的能力，这是近年来计算机应用的新领域。

**6. 网络应用**

在当今这个信息时代，可以通过计算机网络实现资源共享，传送文字、声音、图像等数据。

## 模块二　认识计算机的组成

### 学习目标

1. 了解计算机系统的基本组成。
2. 了解硬件和软件的关系。
3. 掌握计算机硬件系统及软件系统的组成。

一台完整的计算机系统由硬件系统和软件系统两部分组成，如图1—1所示。

硬件系统一般是指电子器件和机电装置组成的计算机实体，软件系统一般是指为计算机运行工作服务的各种程序、数据和有关的技术资料。

软件和硬件的关系如图1—2所示。

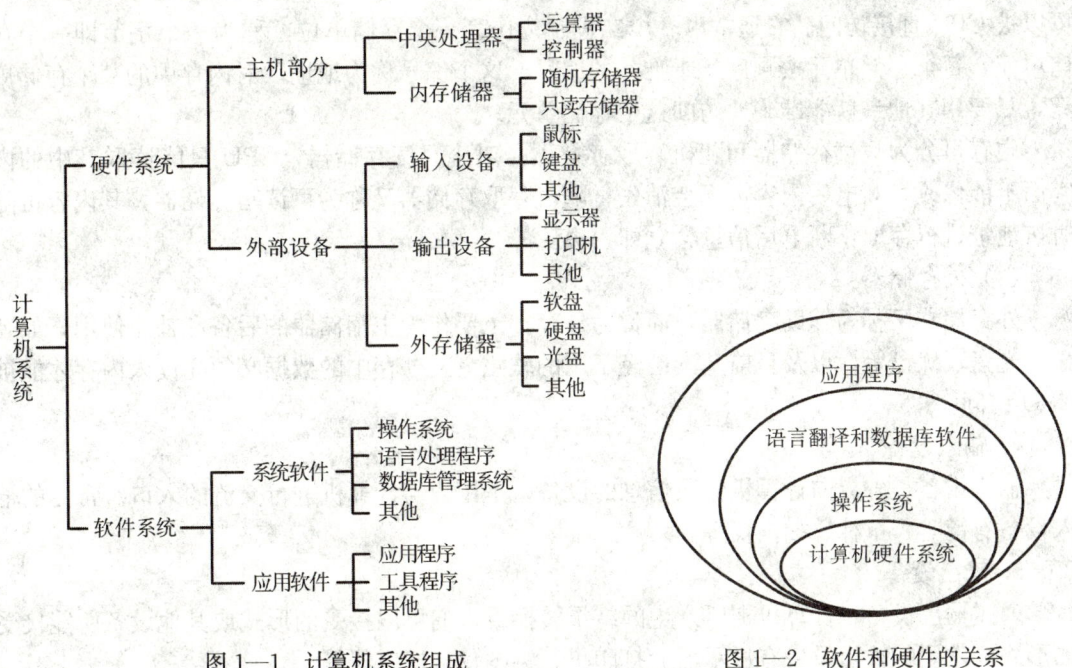

图1—1 计算机系统组成　　　　　图1—2 软件和硬件的关系

## 一、计算机硬件系统

计算机的硬件系统由五部分组成：运算器、控制器、存储器、输入设备和输出设备。各部分关系如图1—3所示。

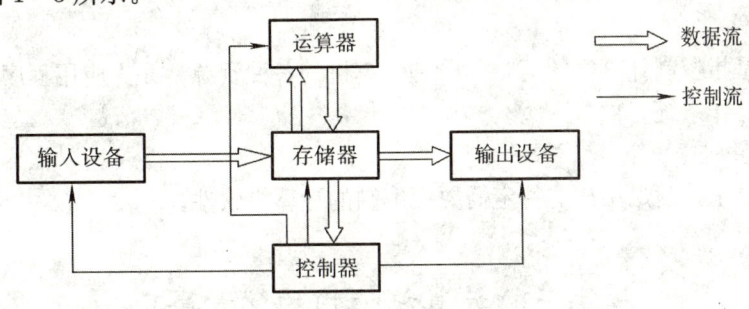

图1—3 硬件系统的关系

运算器和控制器构成计算机的中央处理器，也称为CPU，它是计算机的核心部件。

**1. 运算器**

运算器的主要任务是进行算术和逻辑运算。

**2. 控制器**

控制器主要是用来分析指令并发出控制信号的部件，指挥和控制计算机各部件按时序协调地工作。

**3. 存储器**

存储器是计算机的记忆部件，用于存放程序和数据。存储器一般分为内存储器和外存储器两种。

（1）内存储器

内存储器又称为主存储器，简称为内存，用于存储计算机正在运行的程序和数据。内存

· 3 ·

可以被 CPU 直接访问。它通常以 8 个二进制位作为一个存储单位，称为一个字节即一个存储单元，每个存储单元按顺序赋予唯一的编号，这个编号称为地址。对内存中的某个存储单元，只要用其地址就能准确地访问这个存储单元。

内存可分为只读存储器和随机存取存储器。对于只读存储器，CPU 只能读取其中的内容而不能修改，断电后内容也不会消失；随机存取存储器又称为可读写存储器，其内容可随时按地址进行存取，断电后信息会立即丢失。

（2）外存储器

外存储器又称为辅助存储器，简称为外存，主要作为主存储器的后备和补充使用，如硬盘、光盘、优盘等，以及目前基本已经不用的软磁盘。外存中的数据必须先读入内存才能被 CPU 访问。

**4. 输入设备**

输入设备是外界向计算机输入信息的设备，是用户与计算机进行交流的入口。常见的输入设备有键盘、鼠标、扫描仪等。

**5. 输出设备**

通过输出设备，计算机把所产生的结果转换成人们可以接受的形式或其他设备所能接受的形式。常用的输出设备有显示器、打印机、绘图仪、扬声器等。

**二、计算机软件系统**

软件系统是指为运行、管理和维护计算机而编制的各种程序、数据和文档的总称。根据软件开发的目的不同，可分为系统软件和应用软件。

**1. 系统软件**

系统软件是指控制计算机的运行，管理计算机的各种资源，并为应用程序提供支持和服务的软件，如操作系统。

**2. 应用软件**

应用软件是指为满足用户的特定需要而编制的计算机软件。

## 模块三　计算机使用的注意事项

**学习目标**

1. 掌握计算机硬件系统的正确连接。
2. 掌握正确开关机的方法。
3. 了解计算机病毒的基本知识。

**一、计算机硬件系统各部分的连接**

计算机硬件系统是由几个彼此分离的部分连接组成的，在使用前要把它们正确连接起来，然后才能正常应用。一般配置的计算机系统由主机箱（也称为主机）、键盘、鼠标和显示器组成，如图 1—4 所示。把它们正确连接在一起并接好电源，检查无误后就可以开机使用。

图1—4 计算机系统

**1. 主机**

主机是计算机系统中最重要的部分。在主机箱中安装有计算机电源、硬盘驱动器、光盘驱动器、软盘驱动器和计算机主板,在计算机主板上安装有CPU、内存、各种接口卡等部件。一般在主机的背面都有许多连接设备用的接口,用于和外部设备进行连接。

**2. 显示器**

显示器一般通过15针的D型接口与主机上的显示卡接口连接。D型接口连接具有方向性,连接时对准方向,无误后再稍用力插紧,然后上紧两边用于固定的螺钉,再连接好显示器电源。

**3. 键盘和鼠标**

键盘和鼠标有多种不同的接口。键盘有AT接口、PS/2接口和USB接口。AT接口是一个直径13 mm圆形5针的插头。PS/2接口用的是一个直径8 mm的6针插头。在接入时要注意方向,确保和主板上插座的方向对应。USB接口按正确的方向插入即可。鼠标有PS/2接口和USB接口。鼠标的PS/2接口大小和键盘的一样,但颜色不一样,一般位于键盘接口的上方。

二、开机与关机

计算机系统各部分连接好之后,再仔细检查一下,确保无误后就可以通电了。正确的开机顺序为:先开外设,再开主机。关机顺序正好相反,先关主机,再关外设。计算机通电启动后进行一系列的自检,如没有错误并加载操作系统后就可以正常使用了。

在使用计算机的过程中,频繁地启动计算机有可能对计算机的硬件造成损伤,导致数据丢失,因此在使用计算机的过程中应采用正确的操作方法,避免出现这种情况。

三、计算机病毒及防治

**1. 计算机病毒的含义**

计算机病毒是一种人为编制的能够通过自身复制、传播、起破坏作用的计算机程序。绝大多数病毒程序都常驻内存,进行复制传播,在一定条件下进行破坏活动。

**2. 计算机病毒的分类**

(1)按病毒存在的媒体划分:网络病毒,文件病毒,引导型病毒。

(2)按病毒传染的方式划分:磁盘引导区病毒,操作系统传染病毒,一般应用程序传染病毒。

(3)按病毒破坏的能力划分:无害型,无危险型,危险型,非常危险型。

(4)按入侵方式划分:操作系统型病毒,源码病毒,外壳病毒,入侵病毒。

（5）按激活的时间划分：定时病毒、随机病毒。

### 3. 计算机病毒的特征

（1）传染性：传染性是病毒的基本特征。病毒代码一旦进入计算机并得以执行，它就会搜寻其他符合其传染条件的程序或存储介质，确定目标后再将自身代码插入其中，达到自我繁殖的目的。

（2）潜伏性：病毒进入系统之后一般不会马上发作，可以在几周或者几个月内甚至几年内隐藏在合法文件中，对其他系统进行传染。

（3）隐蔽性：病毒依附在程序或数据中，在发作前不易发现，一旦发现，病毒可能已传染了计算机系统的各个方面。

（4）激发性：病毒会在特定的条件下被激活起来，去攻击计算机系统。激发病毒的条件可以是某个特定的日期、时间、特定的字符或是特定的文件等。

（5）破坏性：所有的病毒都存在一个共同的危害，即占用系统资源，降低计算机系统的工作效率，它可以毁掉所有的数据，给计算机使用者带来很大麻烦。

### 4. 计算机病毒的传播途径

磁盘、光盘及计算机网络。

### 5. 计算机病毒的危害

主要有以下几种形式：

（1）减少存储器的可用空间。

（2）使用无效的指令串与正常运行程序争夺 CPU 时间。

（3）破坏存储器的数据信息。

（4）破坏相连网络中的各类资源。

（5）造成系统死循环。

（6）破坏系统文件。

（7）破坏系统 I/O（输入/输出）功能。

### 6. 计算机病毒的防治

一般采用杀毒软件来检测和清除病毒。常用的病毒检测软件有卡巴斯基、诺顿、瑞星、金山毒霸等。

计算机病毒的预防措施主要有以下几点：

（1）安装正版反病毒软件或防病毒卡。

（2）拒绝使用来历不明的软件。

（3）应急启动盘要加上写保护，尽量不要用软盘启动。

（4）备份重要数据，软盘或优盘要加上写保护。

（5）外来 U 盘要查毒、杀毒。

（6）安装硬盘保护卡。

（7）网络服务器安装防火墙。

## 操作技能训练

1. 计算机发展经历了哪几个阶段？

2. 计算机系统由哪些部分组成?
3. 计算机软件和硬件有什么关系?
4. 计算机硬件系统有哪些组成部分?
5. 观察计算机硬件各部分的连接,并动手尝试连接一台计算机。
6. 计算机病毒有哪些特征?
7. 如何防治计算机病毒?
8. 了解一种计算机杀毒软件的使用。

# 第二单元　使用 Windows 操作系统

　　操作系统是用于管理硬件资源，控制程序运行、改善人机界面和为应用软件提供支持的程序集合。Windows XP 是 Microsoft 公司为微型计算机系统设计的 32 位操作系统，其功能强大，界面友好，使用方便，是目前广泛使用的操作系统之一。

## 模块一　Windows 系统基本操作

**学习目标**
1. 了解桌面常用图标的功能。
2. 熟练掌握窗口的常用操作。
3. 熟悉常用菜单中的命令。

### 一、启动和退出
**1. Windows XP 的启动**

　　打开显示器等外部设备的电源，启动主机，计算机在自检完成后会自动引导并进入 Windows XP 系统的登录界面，如图 2—1 所示。选择用户名，输入密码后就进入 Windows XP 操作系统界面。屏幕上出现的整个区域称为桌面，如图 2—2 所示。它是用户使用计算机进行各种操作，运行各类程序以及完成各项任务的工作平台。

图 2—1　Windows XP 操作系统登录界面

图 2—2 Windows XP 的桌面

**注意**：针对不同的用户，Windows XP 有不同的版本，常用的有家庭版和专业版。版本不同，界面和操作等略有差异。

**2. Windows XP 的退出**

关闭 Windows XP 不能采用直接关闭主机电源开关的方法，因为这样不但会丢失一些系统信息，而且会造成下次启动的困难。正确的关机步骤如下：

（1）单击桌面最下方任务栏上的"开始"按钮，在弹出的"开始"菜单中单击"关机"命令，打开"关闭计算机"对话框，如图 2—3 所示。

图 2—3 "关闭计算机"对话框

**注意**：在关机之前，要将当前计算机上运行的应用程序一一关闭，然后才能关机。

（2）在对话框中单击"关闭"按钮，计算机系统将进行关机处理工作，处理完毕，计算机将自行关闭主机电源。

**二、Windows XP 的桌面**

Windows XP 的桌面由桌面图标、任务栏和"开始"按钮组成。

**1. 认识桌面图标**

图标是代表应用程序（如 Microsoft Word、Microsoft Excel）、文件（如文档、电子表格、图形)、打印机信息、计算机信息等的图形。桌面上的图标又称为快捷方式,用户可以通过桌面上的图标,快速启动相应的程序,进入相应的窗口。用户还可以根据不同的需要,在桌面上创建自己的快捷方式图标。桌面的左侧是图标区,桌面上出现的图标根据 Windows XP 操作系统安装方式的不同而有所不同。系统默认的图标有:

(1) 我的电脑:用于浏览计算机磁盘的内容、进行文件管理工作、更改计算机软硬件配置和管理打印机等。

(2) 我的文档:用于保存和管理用户常用的文档、图片和文件。

(3) 网上邻居:当用户的计算机连接到内部局域网上时,利用网上邻居可以使用其他计算机的共享资源。

(4) 回收站:是一个文件夹,用于临时存放和管理已删除的文件,用户可以把被删除的文件恢复到原来的位置。

快捷方式图标用于快速启动一些常用的应用程序。一些快捷方式图标是在安装应用程序时由安装程序添加的,用户也可以自己创建。

文件及文件夹图标代表文件及文件夹本身,一般不将该类图标放在桌面上。

**2. 认识"任务栏"和"开始"菜单**

"任务栏"位于桌面的下方,其组成如图 2—4 所示。

图 2—4 任务栏的组成

(1) "开始"按钮:位于任务栏左侧,单击该按钮就会弹出"开始"菜单,如图 2—5 所示。

图 2—5 "开始"菜单

（2）快速启动栏：一般用于放置应用程序的快捷图标，如显示桌面、IE浏览器等，单击某个图标即可快速启动相应的程序。用户可以自行添加或删除快速启动栏中的快捷图标。

（3）正在运行的程序：在Windows XP中可以同时执行多个程序，每个程序打开一个窗口，在任务栏中就会出现相应的按钮，但只有一个窗口是当前执行的程序，处于前台运行的窗口称为当前窗口，或称为活动窗口。将正在后台工作的某一个应用程序切换到前台，这种操作称为窗口切换。单击某个按钮可将其设为当前窗口。通过单击任务按钮，可以实现当前窗口的快速切换。

（4）通知区域：可显示系统当前的时间、声音图标，某些正在后台运行的程序的状态图标。系统将自动隐藏近期没有使用的状态图标。

（5）语言栏：用于选择输入法，同时按下Ctrl+Shift键可以在输入法之间切换。

### 三、鼠标的使用

**1. 鼠标操作**

在Windows XP中，很多操作需要通过鼠标来进行。鼠标的主要操作包括指向、单击、右击、双击、拖动、滚动等。一般把鼠标操作默认为右手操作，"单击"时，指的就是单击鼠标左键，不特别加以说明。而右击是指单击鼠标右键。

（1）指向：移动鼠标，使鼠标指针定位在某个具体对象上，以备操作。

（2）单击：按下鼠标左键然后释放，一般用于选中文件、文件夹或图标等操作对象。

（3）双击：快速连续按下鼠标左键两次然后释放，一般用于执行文件或打开文件夹。

（4）拖动：按下鼠标左键不放，并移动鼠标到另一个位置上。用于移动文件、文件夹或文本等。

（5）右击：按下鼠标右键然后释放。一般用于激活被选对象的快捷菜单或帮助提示。单击屏幕空白区域或按下Esc键则关闭快捷菜单。

（6）滚动：对配有滚动轮的鼠标，拨动滚动轮，实现窗口中多页内容的上、下翻动。

**2. 鼠标指针及含义**

在Windows XP用户界面中，通常鼠标指针是空心箭头形状，但也会随着用户的操作不同而改变成其他的形状，以表示不同的含义。Windows XP默认的一些鼠标形状及其所代表的含义见表2—1。

表2—1　　　　　　　　鼠标指针形状及其含义

| 鼠标形状 | 含义 | 鼠标形状 | 含义 | 鼠标形状 | 含义 |
| --- | --- | --- | --- | --- | --- |
| I | 选定文本 | ↕ | 垂直调整 | ✎ | 手写 |
| ↖ | 正常选择 | ↔ | 水平调整 | ⊘ | 不可用 |
| ↖? | 帮助选择 | ↘ | 对角线调整1 | + | 精确定位 |
| ↖⧗ | 后台操作 | ↗ | 对角线调整2 | ☝ | 链接选择 |
| ⧗ | 忙 | ✥ | 移动 | ↑ | 候选 |

### 四、设置Windows XP的桌面

**1. 创建快捷方式图标**

快捷方式图标的创建有多种方法，通过下面方法可以创建一个快捷方式。

（1）在"资源管理器"、"我的电脑"或"开始"菜单中，找到要建立快捷方式图标的文件。

（2）右击其图标，弹出快捷菜单，单击"发送到"下的"桌面快捷方式"命令。或者选定其图标，按住 Ctrl 键并将其拖动到桌面上。

**2. 排列桌面图标**

当桌面上的图标比较多时，为了使桌面整洁和使用方便，用户可以对桌面上的图标进行排列。排列图标的方法如下：

（1）自动排列

在桌面空白处，点击鼠标右键，弹出快捷菜单，如图 2—6 所示，选择"自动排列"，则图标会自动排列对齐。选择"对齐到网格"，则图标按照一定的间距按行列对齐。

排列图标可以按"名称"、"大小"、"类型"、"修改时间"进行自动排列，见图 2—6。

（2）手工排列

取消自动排列，可以用鼠标拖动图标到任意位置。

**3. 设置任务栏**

用户可以对任务栏的属性、大小和位置等进行设置。

如果要设置任务栏的属性，可以在"控制面板"窗口中双击"任务栏和「开始」菜单"图标；或在任务栏的空白处点击鼠标右键，在弹出的快捷菜单中选择"属性"命令，则打开"任务栏和「开始」菜单属性"对话框，如图 2—7 所示。

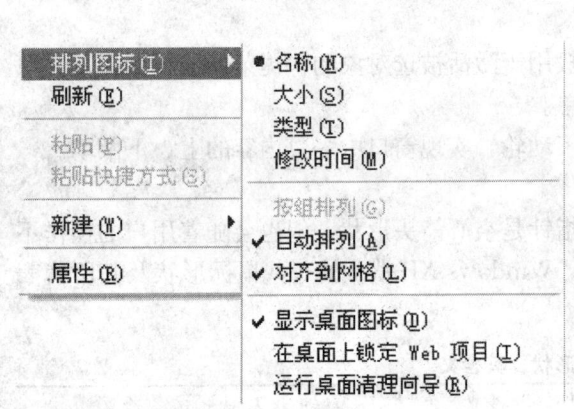

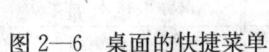

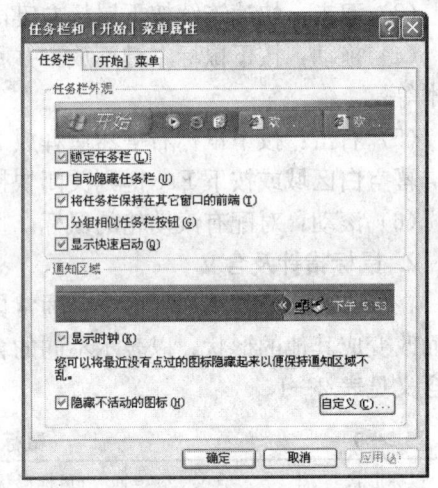

图 2—6　桌面的快捷菜单　　　　　图 2—7　"任务栏和「开始」菜单属性"对话框

"任务栏"选项卡中包括任务栏外观和通知区域。各项设置的意义如下：

（1）锁定任务栏：任务栏锁定后，将不能移动和改变其大小。

（2）自动隐藏任务栏：选中后，将自动隐藏任务栏，以在桌面上留出更多的空间。如果要查看任务栏，将鼠标指向任务栏所在的区域，任务栏将自动显示出来；当鼠标移开后，任务栏又隐藏起来。

（3）将任务栏保持在其他窗口的前端：选中后，任务栏总显示在屏幕上，不被窗口遮盖。

（4）分组相似任务栏按钮：选中后，将同一应用程序的图标折叠在一个列表中，以节省任务栏空间。

（5）显示快速启动：选中后，任务栏显示快速启动工具栏。

(6) 显示时钟：选中后，在任务栏的通知区域显示时间。

(7) 隐藏不活动的图标：选中后，在通知区域中，不活动程序的图标将不被显示。

### 五、窗口的组成和操作

**1. 窗口的组成**

窗口是 Windows 最重要的图形用户界面，在屏幕上是用方框围成的区域，Windows 的所有应用程序都在窗口中运行。图 2—8 所示为"我的电脑"窗口。

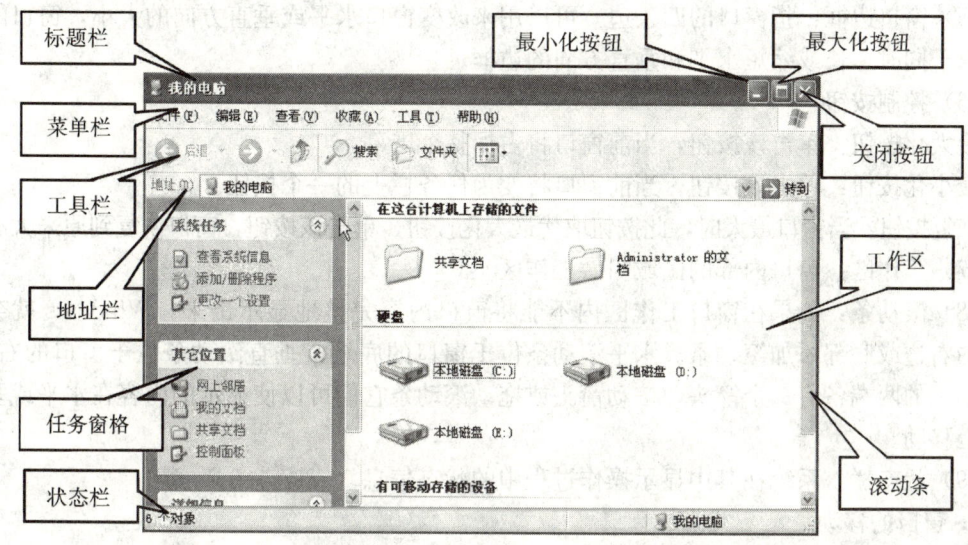

图 2—8 "我的电脑"窗口的组成

通常一个窗口中包括下列元素。

(1) 标题栏：位于窗口顶部的蓝色条，用于显示应用程序或文档名。拖动标题栏可以在桌面上移动窗口。活动窗口的标题栏突出显示。双击窗口的标题栏可以使窗口占满整个屏幕，或由整个屏幕状态恢复到原来的大小。

(2) 菜单栏：位于标题栏的下方，其中每个菜单都包括一组命令，用这些命令可以完成各种操作。

(3) 工具栏：其中包括一些按钮，单击它们可以快速执行菜单中的命令。

(4) 控制菜单：凡是左上角有图标的窗口，单击该图标将出现控制菜单，如图 2—9 所示。使用其中的命令可以对窗口进行控制。

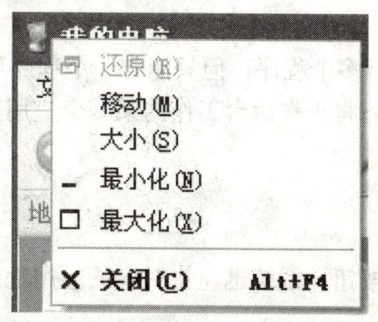

图 2—9 控制菜单

还原：窗口被扩大或缩小之后，将窗口恢复到原来大小。
移动：将窗口移动到其他地方。
大小：改变窗口大小。
最大化：使窗口占满整个屏幕。
最小化：使窗口变为任务栏上的一个图标。
关闭：关闭当前窗口。

（5）窗口边框：指窗口的四条边，可以用来改变窗口水平或垂直方向的大小，窗口的四个角用于同时加长或缩短水平和垂直方向的边框。

（6）控制按钮

最大化按钮：单击该按钮，当前窗口将占据整个屏幕。

最小化按钮：单击该按钮，当前窗口将变为任务栏上的一个按钮。

恢复按钮：当窗口最大时，此按钮取代最大化按钮，单击该按钮，窗口恢复到原来大小。

（7）工作区：窗口内部的区域叫做工作区。

（8）滚动条：如果在窗口工作区内不能将窗口内容完整地显示出来，Windows 就会在窗口的右边或底部添加滚动条。水平滚动条位于窗口的底端；垂直滚动条位于窗口的右端。在滚动条的两端各有一个箭头，按动箭头或拖动滚动条它们可以使显示的内容在水平或垂直方向上移动。

（9）状态栏：系统在其中显示操作过程中的状态信息。

**2. 窗口的移动**

"移动"操作可以改变窗口在屏幕上的位置，以显示被当前窗口遮盖的其他桌面对象，或使桌面摆放更加合理。只有当窗口在非最大化时，才能实施移动操作。

移动窗口位置最简捷的方法是拖曳窗口标题栏。拖曳标题栏时，窗口位置将随之改变，释放鼠标按键即结束移位操作。

移动窗口位置也可选用窗口控制菜单中的"移动"命令。

**3. 改变窗口大小**

窗口的尺寸，除最大化或最小化外，可以按实际需要被任意改变。

将鼠标指针移向窗口边框或窗口角时，指针会变为双向箭头状。此时按下鼠标左键并拖动鼠标，窗口大小将在相应方向上随之改变。拖曳窗口角时，将会在水平和垂直两个方向上同时改变窗口大小。放开鼠标左键即完成操作，窗口就以新的尺寸展示。

改变窗口大小也可选用窗口控制菜单的"大小"命令。

**4. 窗口的切换**

Windows XP 允许同时运行多个程序，但只能有一个程序可以处于当前运行状态，而其他运行着的程序都在后台工作。将正在后台工作的某一个应用程序切换到前台，这种操作称为窗口切换。

窗口切换的方法有以下两种：

（1）鼠标操作

单击任务栏上的应用程序按钮，系统迅速将对应的应用程序窗口从后台切换到前台。

（2）快捷键操作

按下 Alt+Esc 或 Alt+Shift+Esc 组合键，系统直接将后台运行着的应用程序依次切换到前台；按住 Alt 键不放，连续按 Tab 键，系统用对话框形式在运行着的应用程序大图标列表上，循环显示将被切换到前台的应用程序；释放 Alt 键，相应应用程序将被切换到前台。

**5. 多窗口的排列**

当桌面上有多个同时打开的应用程序窗口时，桌面可能比较杂乱，为了使屏幕整齐有序或者直观可见，可以对桌面窗口进行重新排列。

应用程序窗口的重新排列，可右键单击任务栏上的空白区，在打开的任务栏快捷菜单中选择"层叠窗口"、"横向平铺窗口"或"纵向平铺窗口"命令进行相应形式的窗口重排。

如果要使窗口恢复成排列前的显示状态，可再次利用任务栏快捷菜单，选择此时出现在快捷菜单上的"撤消平铺"命令。

**6. 窗口的关闭**

关闭应用程序窗口将中止该程序的运行。关闭窗口的途径有以下几种：
(1) 单击窗口右上角的"关闭"按钮。
(2) 打开窗口控制菜单，选择"关闭"命令。
(3) 按 Alt ＋ F4 组合键。
(4) 打开"文件"菜单，选择"退出"或"关闭"命令。

## 六、对话框

Windows XP 使用对话框来和用户进行信息交流。对话框是一种特殊形式的窗口，与一般窗口相同的是对话框也有标题栏，可以在桌面上任意移动位置等；不同的是对话框的大小是不能改变的。对话框主要用于系统设置、信息获取和交换等操作。

由于不同的操作需要用户提供不同的信息，所以对话框的形式可能是不同的。如图 2—10 所示为一个"显示属性"的对话框。

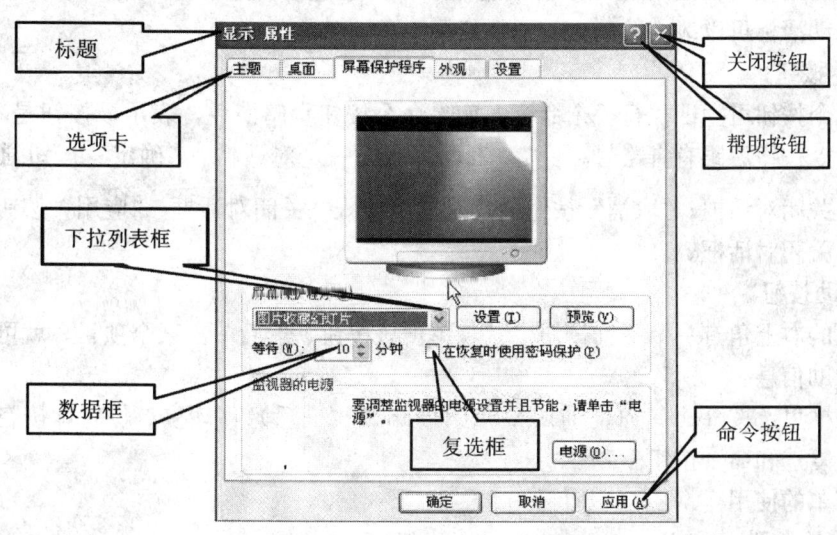

图 2—10　典型的对话框

对话框一般由下列元素组成：

**1. 标题栏**

标题栏中包含了对话框的名称，用鼠标拖动标题栏可以移动对话框。

**2. 选项卡**

选项卡是排列在对话框顶部的按钮式标签。通过选择标签可以在对话框的几组功能中选择一组。

**3. 单选按钮**

单选按钮是一组圆形按钮。在一组单选按钮中，用户只能选择其中一种方式，且必须选择一种方式。选择时只要在某一单选按钮上单击，被选中的按钮中间会有一圆点。

**4. 复选框**

复选框列出可以选择的任选项，可以根据需要选择一个或多个任选项。复选框被选中后，在框中会出现"√"。单击一个被选中的复选框则该复选框将被撤消选中状态。

**5. 列表框**

列表框显示多个选择项，由用户选择其中一项。当一次不能全部将选择项显示在列表框中，系统会提供滚动条帮助用户快速查看。

**6. 下拉列表框**

单击下拉列表框的向下箭头，可以打开列表供用户选择，列表关闭时显示被选中的信息。

**7. 文本框**

文本框用于文本信息的输入。用鼠标单击文本框时，文本框内将会显示"I"形光标（也可称为插入点），在插入点处输入内容，可以使用 Backspace，Delete 和方向键等进行编辑。有些文本框右侧有一个向下箭头，用户既可以在文本框中直接输入文本，也可以单击向下箭头从下拉列表中选择。

**8. 数值框（微调按钮）和滑标（滑动调节块）**

用户既可以直接在框中输入数值，也可以单击数值框右边的增减箭头来改变数值的大小；左右拖动滑标可以改变数值大小，一般用于调整参数。

**9. 命令按钮**

选择命令按钮可立即执行一个命令。如果命令按钮呈暗淡色，表示该按钮是不可选的；如果一个命令按钮后跟有省略号"..."，表示将打开一个对话框。"确定"按钮通常是确认输入内容并关闭对话框；"取消"按钮通常是取消输入并关闭对话框；"应用"按钮是确认输入内容但不关闭对话框。

**10. 帮助按钮**

对话框的右上角有一个帮助按钮"?"，单击该按钮，然后单击某个项目，就可获得有关该项目的帮助信息。

在对话框里，按 Tab 键（向前）、Shift+Tab 键（向后）移动焦点位置，按空格键可以选中单选、复选和命令按钮。

### 七、菜单的使用

**1. 菜单的类型**

菜单是操作命令的列表，选择其中的命令即可进行相应的操作。Windows XP 提供了多种多样的菜单，通常有以下四种：

（1）"开始"菜单：它是系统进行管理和启动应用程序的一个基本途径。

（2）程序功能菜单：它包含了应用程序所提供的对象的处理功能。应用程序窗口的菜单栏的菜单数以及所含命令因应用程序而异。

(3) 窗口控制菜单：它提供窗口控制命令。

(4) 快捷菜单：右键单击某对象，就可打开该对象的快捷菜单，上面列出了该对象最常用的命令。例如右键单击桌面，就可打开桌面快捷菜单。

**2. 窗口中菜单的基本操作**

(1) 打开和关闭菜单

单击菜单名即可打开菜单，如果出现级联菜单，移动鼠标指针位置，菜单选项光条随之移动，到达目标位置后单击鼠标键，即执行相应的操作命令。单击窗口或桌面上的其他区域，可以关闭当前打开的菜单。

(2) 选择菜单命令

当用户打开菜单后，用户可以根据需要从中选择有效命令执行，如果命令又打开另一个菜单，可以继续在此菜单中选择，直到满足要求。有些菜单无须单击，只需用鼠标箭头指向该命令。

**3. 菜单中的约定**

菜单通常有如下约定，如图 2—11 所示。

(1) 灰色命令，表明该命令在当前情况下不适用。

(2) 如果命令前有对号（√），表示此命令为打开的开关命令，再次选择时对号将消失，该开关命令被关闭，可复选。

(3) 命令后有省略号（…），表示一个没有完成的命令，此命令后跟有一个对话框。

(4) 如果命令前带有圆点符（●），表示在一组单选命令中，只能选择其中一个命令，使之有效，命令前带有圆点符提示该命令被选中。

(5) 如果命令后有组合键，则此组合键为选择此命令的快捷键。例如，打开"查看(V)"菜单，按 Alt+V。

(6) 如果命令后面有箭头（▸），选择此命令将弹出级联菜单。

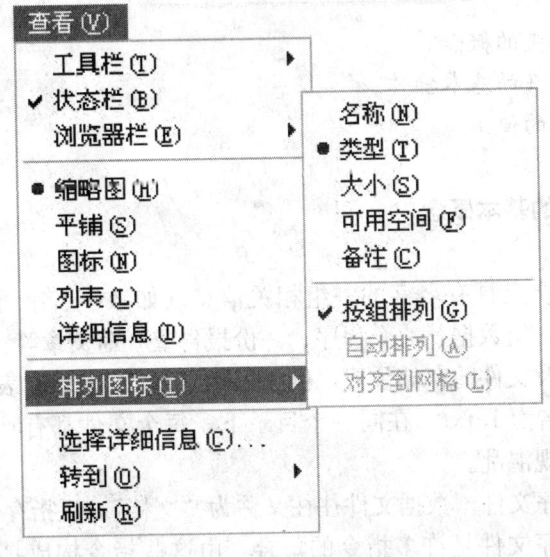

图 2—11 菜单中的各种约定

### 4. "开始"菜单中的对象

"开始"菜单是 Windows XP 较为重要的一个组件，用户要做的大部分工作是通过它来完成的。不同用户的"开始"菜单有所不同。菜单会随着系统安装的应用程序以及用户的使用情况自动进行调整。用鼠标左键单击屏幕左下角的"开始"按钮即可打开"开始"菜单；用鼠标左键单击"开始"菜单以外的任意位置，或者按 Esc 键即可关闭"开始"菜单。

在"开始"菜单中主要包括下列对象：

（1）用户帐 Z 户

显示用户在启动系统时选择的用户名称和图标，单击该图标将打开"用户账户"窗口，可在其中重新设置用户图标和名称等。

（2）常用命令

显示了用户最常用的命令，单击就可以启动该程序。

（3）"所有程序"菜单项

用户安装的所有应用软件，系统软件，工具软件和系统自带的一些程序和工具都可从这里启动，将鼠标移动到绿色箭头上，就会自动将下拉箭头展开。

（4）控制面板

主要进行整个系统的设置，在后面的章节将详细介绍。

（5）最近打开的文档

显示用户最近一段时间打开过的文件或文件夹。

（6）其他对象

包括我的文档，图片收藏，我的音乐，我的电脑等。

## 模块二  文件和文件夹操作

### 学习目标

1. 掌握文件和文件夹的概念。
2. 掌握文件和文件夹的基本操作。
3. 掌握资源管理器的使用。

### 一、文件和文件夹的基本概念

**1. 文件的概念**

文件是存在存储介质上具有名字的一组相关信息（如数字、字符、汉字、图像、声音等）的集合，它可以是一组数据、一个程序、一份报告或一篇文章等。当用户创建一个文件时，用户要指定文件名及文件的存储位置，例如：E:\lyx\1.txt，它表示文件存储在 E 磁盘中的 lyx 目录中，文件名为 1.txt。在同一个目录下，每个文件都有唯一的名字，只有这样才能按名查找，不致出现混乱。

文件分为文档和程序文件。**数据文件**往往又称为"文档"，泛指存储文字、图片、声音、影像等数据的文件；**程序文件**是许多指令的集合，由这些指令构成具有一定功能的应用程序。

## 2. 文件的命名

文件是由文件名和文件内容组成的。文件名由主文件名和扩展名组成，用圆点分隔开。其格式是：主文件名.扩展名

Windows XP 中，文件命名规则具体如下：

（1）字母不分大小写，可使用汉字。例如 FILE.TXT 与 file.txt 是同一文件名。

（2）文件名最多可有 255 个字符。

（3）扩展名标识文件的类型，通常情况下为三个字符。

（4）文件名中可以包括空格，不可以使用 * ? / \ < > | " :。

文件的扩展名用于表示文件的类型。常见的文件类型和扩展名的对应关系见表 2—2。

表 2—2　　　　　　　　　文件类型和扩展名的对应关系

| 文件类型 | 扩展名 | 文件类型 | 扩展名 | 文件类型 | 扩展名 |
|---|---|---|---|---|---|
| 命令文件 | COM | 可执行文件 | EXE | Word 文档文件 | DOC |
| 批处理文件 | BAT | 文本文件 | TXT | Excel 表格文件 | XLS |
| 备份文件 | BAK | 帮助文件 | HLP | 压缩过的图像文件 | JPG |
| 临时文件 | TMP | 图像文件 | BMP | 未压缩的声音文件 | WAV |

## 3. 文件夹

文件夹是一个存储文件的实体，通过文件夹把不同的文件或文件夹分层、分组归类。其命名规则与文件相同，但一般不使用扩展名。树状结构的文件夹是目前最流行的文件管理模式，它结构合理、层次分明。文件夹的最高层称为根文件夹，在根文件夹中建立的文件夹称为子文件夹，子文件夹还可以再包含子文件夹。这样的结构称作树状结构。

## 4. 路径

一个文件总是存放在一个磁盘的某个文件夹之中的。为了查找文件，有时需要指出文件在磁盘层次结构中的具体位置，或查找文件需要经过的路程，即文件的路径。文件的路径分为绝对路径和相对路径两种。绝对路径从磁盘盘符开始标识；而相对路径则从当前文件夹开始标识。

指定文件路径的一般表示方式为：<盘符>:\<文件夹名>\…\<文件夹名>\<文件名>。如 C:\Documents and Settings\Administrator\桌面\flash\qiu.jpg，此时图片文件 qiu.jpg 的文件路径为绝对路径；表示方式为 \flash\qiu.jpg，则当前路径为相对路径。

## 二、资源管理器

系统中的所有资源，包括文件、文件夹、设备都可以统一由资源管理器浏览和管理。资源管理器是 Windows XP 文件管理、信息导航的基本界面。资源管理器是以目录树的方式管理文件和文件夹。

**1. 资源管理器**

（1）资源管理器的打开方式

启动资源管理器有多种方法：

1）在"开始"菜单中选择"程序→附件→Windows 资源管理器"命令。

2）用鼠标右键单击"开始"按钮，出现快捷菜单，单击"资源管理器"命令。

3) 右键单击文件夹图标,在快捷菜单中选择"资源管理器"命令。

4) 右键单击"我的电脑"和"回收站"等图标,在快捷菜单中,单击"资源管理器"命令。

(2) 资源管理器的窗口

启动资源管理器,打开资源管理器窗口,如图 2—12 所示。

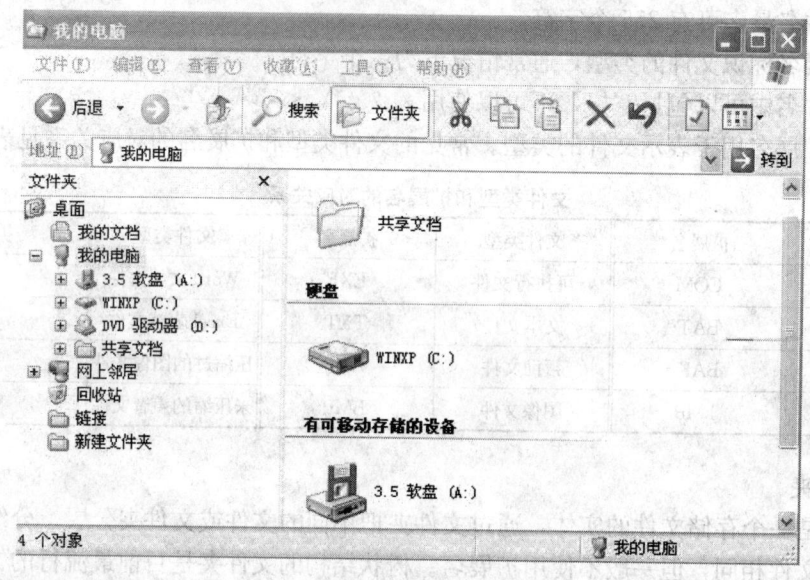

图 2—12 资源管理器窗口

"资源管理器"窗口中包含两个窗格,左窗格是文件夹树窗格,右窗格是文件夹内容窗格。左窗格显示从桌面开始的所有文件夹结构。"桌面"为文件夹树的根,其下包含"我的电脑"、"网上邻居"、"我的文档"和"回收站"等。"我的电脑"下包含了计算机中的驱动器,各驱动器中又包含文件夹和文件。单击某个驱动器图标,可以在左窗格中显示该驱动器中的文件夹和文件。右窗格用来显示当前文件夹中的文件和子文件夹。文件夹前面有"+"号,则表明还有下级内容可供展开(驱动器前面当然都有"+"号)。如果双击文件夹或驱动器前面的图标,或单击其前面的"—"号,则收回(或者说折叠)已扩展的内容。

在"资源管理器"窗口中,拖动分隔条可以改变文件夹树窗格和文件夹内容窗格的大小。

(3) 资源管理器中的内容显示方式

在默认状态下,"我的电脑"和"我的文档"以及资源管理器窗口是以大图标显示内容,这样可以方便观察和选择,但是,由于图标占的空间过大,无法显示更多的信息。如果需要显示更多的信息,用户可以自定义显示方式。

Windows XP 中可供选择的显示方式有图标、平铺、列表、详细信息和缩略图。

图标:使用"图标"显示方式,可以方便观察文件名称和文件类型。

平铺:使用"平铺"显示方式,左边显示图标,右边显示文件名或文件夹名。

列表:使用"列表"显示方式,系统纵向显示其中的内容。

详细信息:使用"详细信息"显示方式,系统显示更多的信息。这时用户可以调整文件的名称、大小、类型及最后修改时间等的列宽。

缩略图：使用"缩略图"方式显示内容时，可将当前文件夹中所包含的图形图像文件内容以缩略图形式显示出来，子文件夹内部的图形图像文件显示在文件夹图标上。

如果要改变显示方式，可以使用"查看"菜单，如图2—13所示，在菜单中选择"缩略图"、"平铺"、"图标"、"列表"或"详细资料"命令。也可以通过标准工具栏中的"查看"按钮 实现。

### 2. 文件及文件夹

（1）排列文件和文件夹的图标

当以图标方式显示文件和文件夹时，在右窗格中可以以行、列对齐的方式显示图标，或把图标拖动到自己选定的位置。

如果在"查看"菜单的"排列图标"子菜单中选定了"自动排列"选项，则移动图标后，系统自动以行、列对齐方式逐行逐列连续地显示图标。文件和文件夹的排列同桌面图标的操作是一样的。

（2）显示隐藏文件或文件夹

一般情况下，在文件夹窗口中不显示系统文件和隐藏文件，如果需要显示这些文件，可以执行以下操作步骤：

在菜单栏中选择"工具/文件夹选项"命令，打开"文件夹选项"对话框。

选择"查看"选项卡，在"高级设置"下拉列表框中选中"隐藏文件和文件夹"的"显示所有文件和文件夹"选项，如图2—14所示。

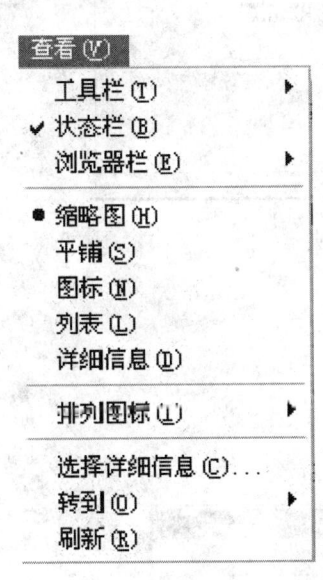

图2—13 查看菜单

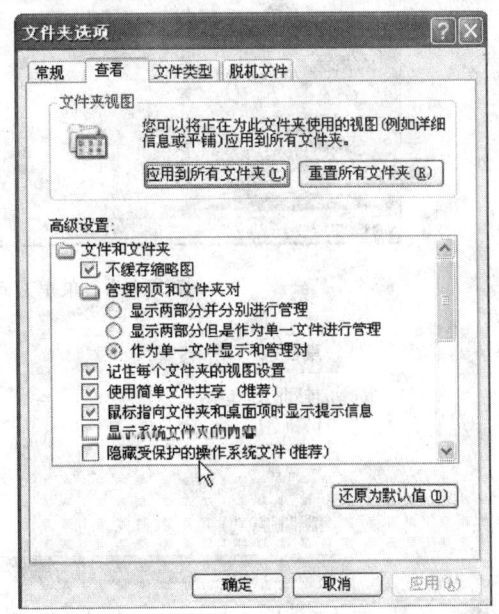

图2—14 "文件夹选项"对话框

### 三、文件和文件夹的管理

文件和文件夹的相关操作包括创建文件或文件夹、选定文件和文件夹、文件或文件夹的重命名、复制或移动文件和文件夹、删除文件和文件夹、从回收站恢复文件或文件夹、发送文件或文件夹、查找文件和文件夹、查看或更改文件属性等。

文件的相关操作可以在"我的电脑"窗口中进行，也可以在"资源管理器"窗口中进行。

**1. 创建文件或文件夹**

操作步骤如下：

（1）在桌面上双击"我的电脑"图标，打开"我的电脑"窗口。

（2）在"我的电脑"窗口中依次双击驱动器图标、文件夹图标，打开指定驱动器中要创建文件或文件夹的目标文件夹。

（3）执行"文件"菜单的"新建"命令，或将鼠标指针放在窗口浏览区域的空白处右键单击，在弹出的快捷菜单中执行"新建"命令，如图2—15和图2—16所示。

（4）在"新建"列表中，选择"文件夹"选项，当窗口中出现"新建文件夹"图标且其名称框呈蓝色显示时，输入文件夹名，按回车键，即可创建一个文件夹。

（5）在"新建"列表中，选择一个文件选项（如"文本文档"），当窗口中出现"新建＊＊＊"（如"新建文本文档"）图标且其名称框呈蓝色显示时，输入文件的主文件名，按回车键，即可创建一个指定类型的文件。

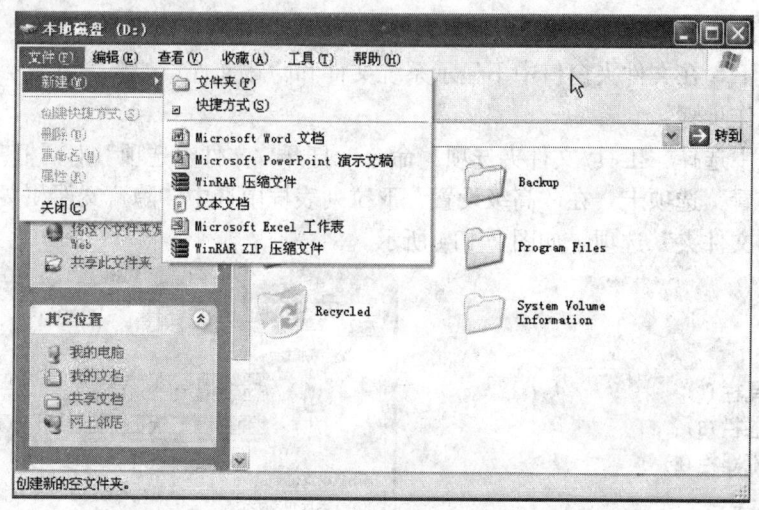

图2—15　菜单方式新建文件夹

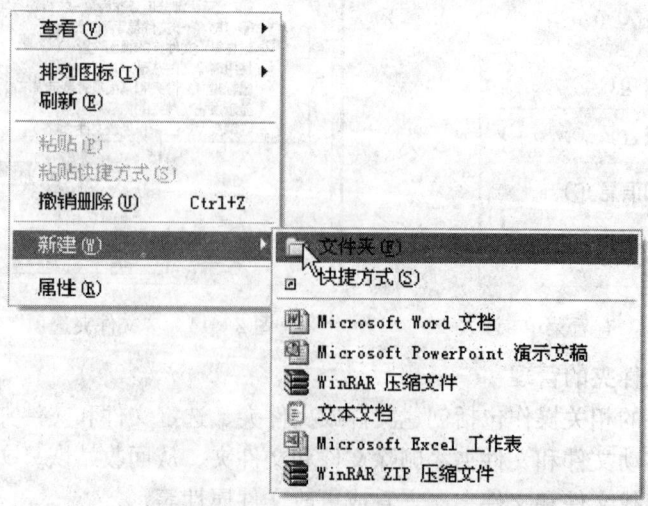

图2—16　右键快捷方式新建文件夹

**2. 选定文件或文件夹**

对用户来说，选定文件或文件夹是一种非常重要的操作，因为 Windows XP 的操作风格是先选定操作的对象，然后选择执行操作的命令。例如，要删除文件，用户必须先选定所要删除的文件，然后选择"文件"菜单中的"删除"命令或按 Delete 键。

(1) 选定单个文件或文件夹

单击所要选定的文件或文件夹就可以了。

(2) 选定多个连续的文件或文件夹

鼠标操作：单击所要选定的第一个文件或文件夹，然后按住 Shift 键，单击最后一个文件或文件夹。

键盘操作：移动光标到所要选定的第一个文件或文件夹上，然后按住 Shift 键不放，用方向键移动光条到最后一个文件或文件夹上。

(3) 选定多个不连续的文件或文件夹

单击所要选定的第一个文件或文件夹，然后按住 Ctrl 键不放，单击其他的文件或文件夹。选定文件或文件夹的方法同样适用于选定其他的对象。

**3. 复制或移动文件或文件夹**

在"我的电脑"窗口中复制文件或文件夹，通常通过"剪贴板"进行。

复制文件或文件夹的方法如下：

(1) 选定要复制的文件或文件夹，选择"编辑"菜单中的"复制"命令，打开目标盘或目标文件夹，选择"编辑"菜单中的"粘贴"命令。

(2) 按住 Ctrl 键不放，用鼠标将选定的文件或文件夹拖拽到目标盘或目标文件夹中也能实现复制操作。

**注意**：在不同驱动器上复制只要用鼠标拖拽文件或文件夹，不需使用 Ctrl 键。

移动文件或文件夹的方法类似复制操作，只需将选择"复制"命令改为选择"剪切"命令即可。

在不同的驱动器上移动，用户可以按住 Shift 键，同时用鼠标将选定的文件或文件夹拖曳到目标盘或目标文件夹中来实现移动操作。如果在同一驱动器上移动非程序文件或文件夹，只需用鼠标直接拖拽文件或文件夹，不必使用 Shift 键。

**注意**：在同一驱动器上拖拽程序文件是建立该文件的快捷方式，而不是移动文件。

**4. 文件或文件夹的重命名**

文件或文件夹的重命名的操作方法：

(1) 单击选定要重新命名的文件或文件夹图标。

(2) 执行"文件"菜单的"重命名"命令，或右击选定的文件或文件夹图标，在快捷菜单中执行"重命名"命令，或再次单击要重新命名的文件或文件夹图标，当其名称框呈蓝色显示时，输入要更改的文件名，并按回车键确认。

**5. 删除文件或文件夹**

删除文件或文件夹的操作方法：

(1) 选定要删除的文件或文件夹。

(2) 执行"文件"菜单的"删除"命令，或将鼠标指针放在选定的文件图标上右击，执行快捷菜单的"删除"命令，或单击工具栏上的"删除"按钮。

（3）在弹出确认删除文件或文件夹的对话框中，单击"确定"按钮或按回车键，即可将选定的文件或文件夹删除到"回收站"。

**注意**："回收站"是硬盘中的特殊区域，用于存放从硬盘中删除的文件。删除到"回收站"中的文件，可以恢复到原来的位置。

如果按下 Shift 键执行"删除"命令或单击"删除"按钮，则会弹出确认删除文件或文件夹的对话框，此时如果单击"确定"按钮或按回车键，将彻底从计算机中删除选定的文件，并且不可恢复。

**6. 恢复被删除的文件、文件夹**

在进行文件或文件夹管理时，难免会由于误操作而将有用的文件或文件夹删除。借助"回收站"，可以将被删除的文件或文件夹恢复。

当一个文件或文件夹被删除后，如果还没有进行其他的操作，则应该使用"编辑"菜单中的"撤消删除"命令恢复，然后按 F5 键，刷新"Windows XP 资源管理器"窗口。如果执行了其他操作，则必须通过"回收站"恢复。

恢复删除的文件或文件夹的操作步骤：

（1）在"Windows XP 资源管理器"左窗格中，选择"回收站"，被删除的文件或文件夹显示在右窗格中，或双击桌面的"回收站"图标，打开"回收站"窗口。

（2）选择要恢复的文件或文件夹。

（3）在"文件"菜单或右键快捷菜单上，选择"还原"命令，如图 2—17 所示。

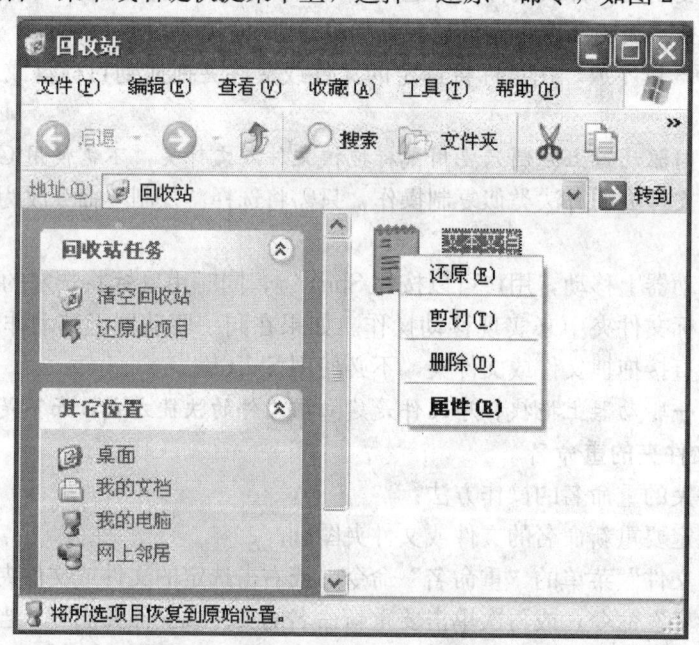

图 2—17 在"回收站"中恢复被删除的文件或文件夹

**注意**：删除到回收站中的文件，不能进行复制、移动、重命名等操作，也不能运行或打开。

如果确定不再需要删除到"回收站"中的文件，可选定该文件，执行"文件"菜单的"删除"命令，或右击该文件图标，执行快捷菜单的"删除"命令，或单击工具栏上的"删除"按钮,将文件彻底从计算机中删除。从"回收站"中删除的文件不可恢复。

如果删除到"回收站"的所有文件都不再需要,则可直接在"回收站"窗口中单击"清空回收站"命令按钮,将其全部删除,释放占用的磁盘空间。

如果删除到"回收站"的所有文件都需要恢复到原来的位置,可直接在"回收站"窗口中单击"全部还原"命令按钮。

### 7. 发送文件或文件夹

在 Windows XP 中,可以直接把文件或文件夹发送到软盘、"桌面快捷方式"、"我的文档"、"邮件接收者"以及一些应用程序中。

发送文件或文件夹的方法是:右键单击要发送的文件或文件夹,然后用鼠标指向菜单中的"发送到",最后选择发送目标,如图 2—18 所示。

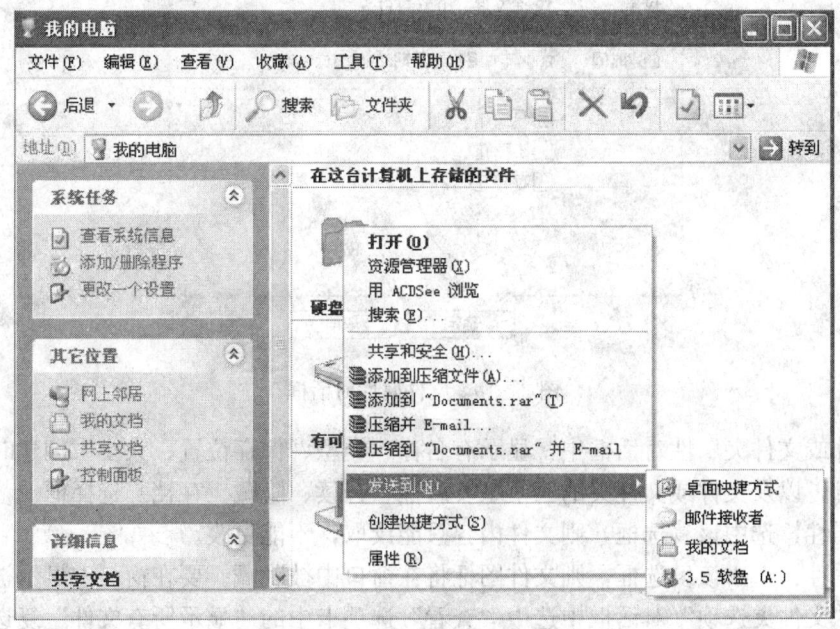

图 2—18 文件或文件夹右键快捷菜单中的"发送到"子菜单

"发送到"子菜单中的各命令功能如表 2—3 所示。

表 2—3 "发送到"子菜单中的各命令功能

| 命令 | 功能 |
| --- | --- |
| 我的文档 | 发送到"我的文档",实质是复制 |
| 邮件接收者 | 以电子邮件附件的形式发送 |
| 桌面快捷方式 | 作为快捷方式发送到桌面,不是复制 |
| 其他应用程序 | 发送到某一应用程序打开 |

### 8. 查看或更改文件或文件夹属性

查看或更改文件或文件夹属性的操作方法:

(1)在"我的电脑"窗口中找到要查看属性的文件或文件夹后,单击选定该文件或文件夹。

(2) 执行"文件"菜单的"属性"命令，或右击该文件或文件夹，执行快捷菜单中的"属性"命令，均可打开该文件或文件夹属性的对话框，如图 2—19 所示。

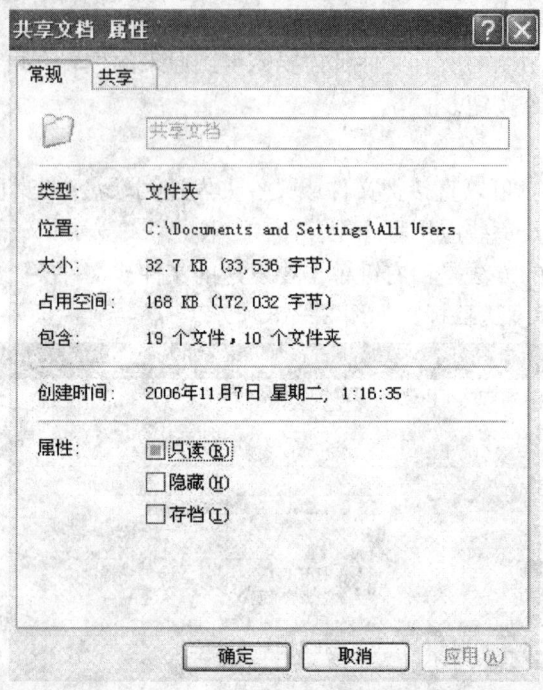

图 2—19  文件属性对话框

在文件或文件夹属性对话框中，显示有名称、类型、保存位置、大小、创建时间、修改时间等信息，以及文件或文件夹的三个主要属性（只读、隐藏、存档）选择框。

只读属性：选中该复选框，则文件内容只能读取，不能更改。

隐藏属性：选中该复选框，则文件图标将在窗口中被隐藏。要在窗口中显示被隐藏的文件，可在"文件夹选项"对话框中选中"查看"选项卡中的"显示所有文件"复选框。

存档属性：选中该复选框，文件以文档方式备份，通常文件都具有该属性。

(3) 要更改文件或文件夹的属性，在三种属性前的选择框中单击，选中相应的属性即可。

## 9. 查找文件或文件夹

当要搜索一个文件或文件夹时，可使用"开始"菜单中的"搜索"命令或者 Windows XP "资源管理器"或"我的电脑"中的文件查找功能，设置搜索条件，查找所需要的文件。

(1) 执行"搜索"命令的方法

1) 在"Windows XP 资源管理器"中，选择工具栏中的"搜索"按钮，然后在窗口左侧出现搜索项目选择界面，再选择要搜索的文件类型以便执行搜索动作。

2) 在"Windows XP 资源管理器"中，用鼠标右键单击所要查找的驱动器或文件夹，弹出快捷菜单，再在快捷菜单中选择"搜索"命令。

3) 单击"开始"按钮，指向"搜索"，再单击即可。

"搜索"命令执行后，弹出如图 2—20 所示的窗口，该窗口左侧是搜索选项向导视图，用于引导用户搜索合适的文件，右侧窗口用于显示搜索结果信息。

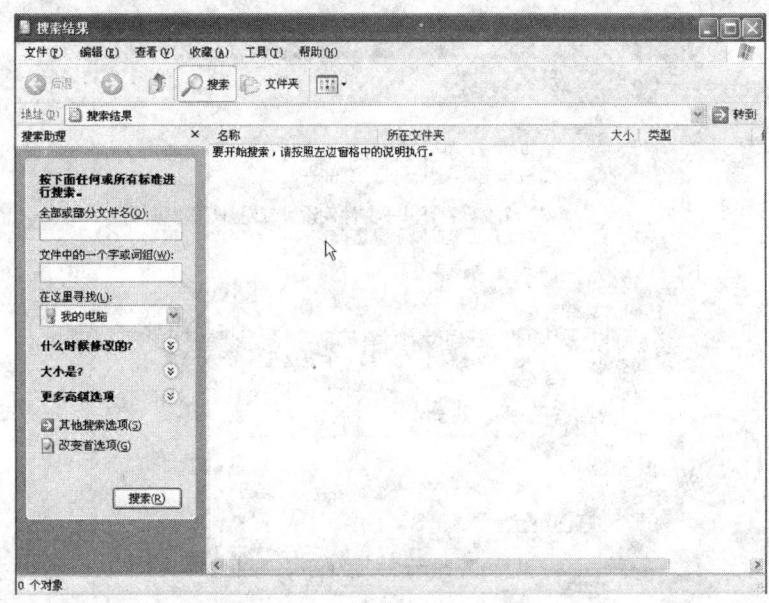

图2—20 单击"搜索"按钮后的窗口

(2) 设置文件搜索条件

在"按下面任何或所有标准进行搜索"中设置搜索条件,在文本框中可以指定所要查找文件的文件名,可以使用文件通配符"?"和"*",例如,*.DOC,*.BMP,*.TXT。在"文件中的一个字或词组"文本框中输入所查找的文件包含的文字,提高查找速度。在"在这里寻找"搜索范围下拉列表框中指定文件查找的位置。根据需要进一步设置选项。

(3) 执行"搜索"

单击"搜索"按钮,开始执行搜索命令,搜索结束时,在右侧窗口显示查找的结果。

**10. 设置文件夹共享**

Windows XP 网络方面的功能设置更加强大,用户不仅可以使用系统提供的共享文件夹,也可以设置自己的共享文件夹,与其他用户共享自己的文件夹。系统提供的共享文件夹被命名为"Shared Documents",双击"我的电脑"图标,在"我的电脑"对话框中可看到该共享文件夹。若用户想将某个文件或文件夹设置为共享,可选定该文件或文件夹,将其拖到"Shared Documents"共享文件夹中即可。

设置用户自己的共享文件夹的操作步骤:

(1) 选定要设置共享的文件夹。

(2) 选择"文件/共享和安全"命令,或单击右键,在弹出的快捷菜单中选择"共享和安全"命令。

(3) 打开"属性"对话框中的"共享"选项卡,如图2—21所示。

(4) 选中"在网络上共享这个文件夹"复选框,这时"共享名"文本框和"允许其他用户更改我的文件"复选框变为可用状态。用户可以在"共享名"文本框中更改该共享文件夹的名称;若清除"允许其他用户更改我的文件"复选框,则其他用户只能看该共享文件夹中的内容,而不能对其进行修改。

(5) 设置完毕后,单击"应用"按钮和"确定"按钮即可。

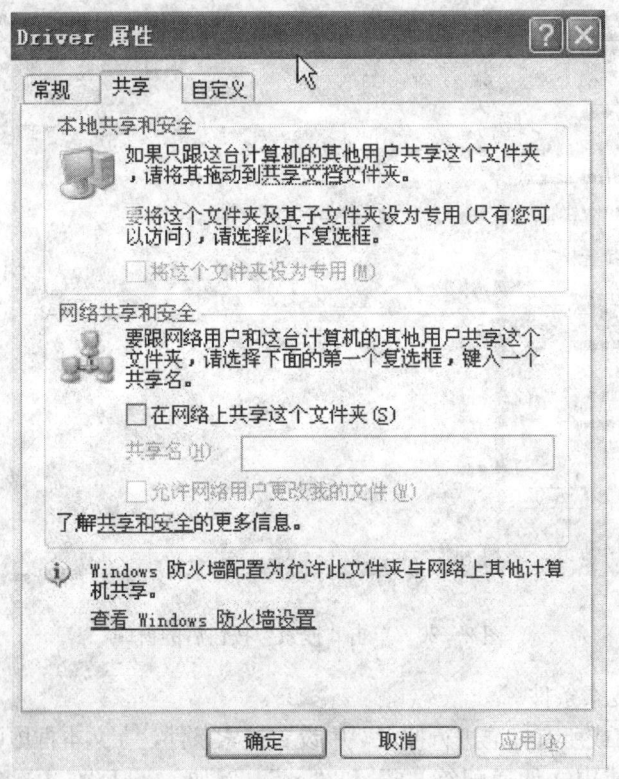

图 2—21 "共享"选项卡

## 模块三 Windows 系统设置

**学习目标**

1. 了解 Windows 系统设置的内容。
2. 掌握开始菜单和桌面的设置。
3. 键盘、鼠标、日期和时间设置。
4. 掌握软件和硬件的添加及删除方法。

**一、使用控制面板**

在 Windows XP 中,用户可以根据个人的需要对计算机的软件、硬件以及 Windows XP 自身进行设置,这些设置可以在"控制面板"中完成。单击"开始"、"设置"、"控制面板"命令,打开"控制面板"窗口,如图 2—22 所示。通过控制面板完成设置工作。

**注意**:Windows XP 提供两种控制面板显示视图,即分类视图和经典视图。当前是经典视图,如果要进行切换,可以在控制面板窗口的左边窗格中单击"切换到分类视图"。

**二、开始菜单和桌面的设置**

用户在安装一个程序后,在"开始"菜单的"程序"菜单项下会自动添加这个程序名称,如果要经常用到某程序、文件或者文件夹等,可以直接在"开始"菜单中添加,这样在

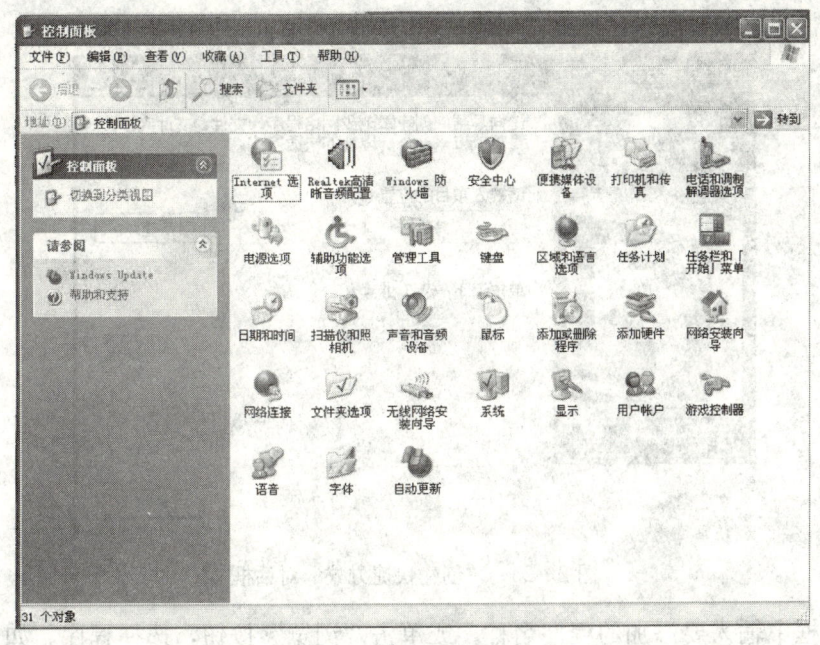

图 2—22 "控制面板"窗口

使用时可以很方便地启动,而不需要在其他位置查找。

**1. 在"开始"菜单上添加程序**

操作步骤如下:

(1) 单击"开始"、"设置"、"控制面板"命令,在控制面板窗口中,双击"任务栏和「开始」菜单"图标,打开"任务栏和「开始」菜单"属性对话框,如图 2—23 所示。

(2) 单击"自定义"按钮,出现"自定义经典「开始」菜单"对话框,如图 2—24 所示。

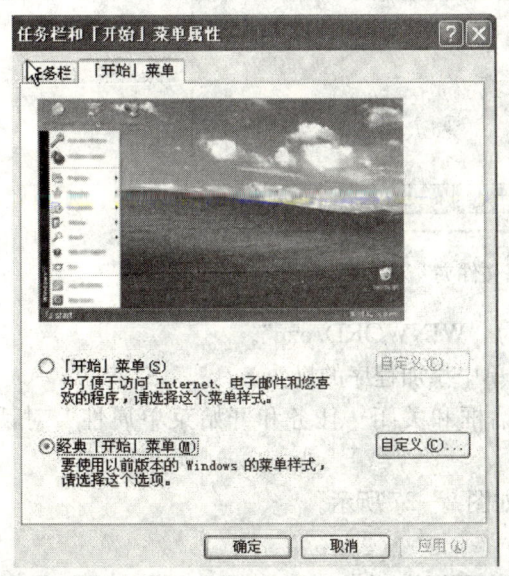 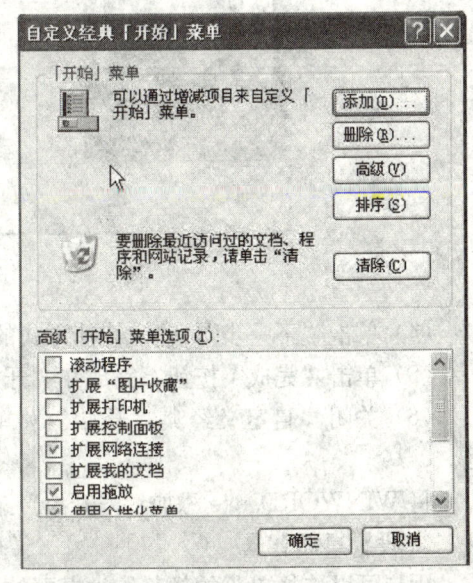

图 2—23 "任务栏和「开始」菜单属性"对话框　　图 2—24 "自定义经典「开始」菜单"对话框

(3) 单击"添加"按钮，弹出"创建快捷方式"对话框，如图 2—25 所示。

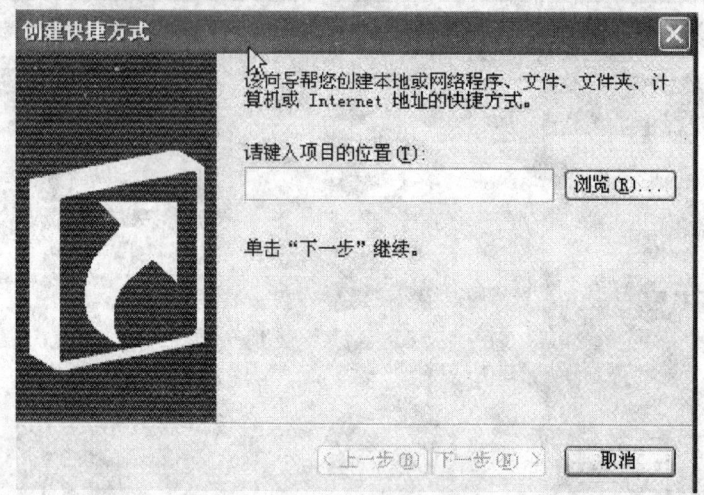

图 2—25 "创建快捷方式"对话框

在文本框中输入要添加的程序名称，或单击"浏览"按钮，选择程序。如选择"C:\Program Files\Microsoft Office\OFFICE11\WINWORD.exe"，单击"下一步"按钮，出现"选择程序文件夹"对话框，如图 2—26 所示。单击"「开始」菜单"文件夹。

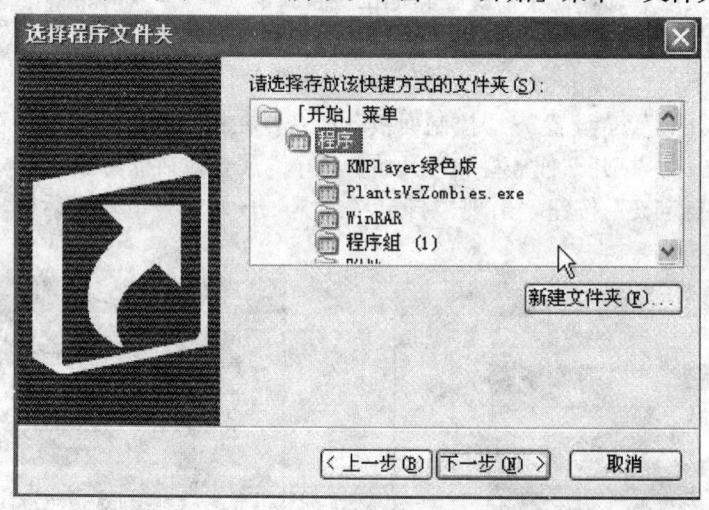

图 2—26 "选择程序文件夹"对话框

(4) 单击"下一步"，输入快捷方式的名称为"WINWORD.exe"。
(5) 单击"完成"按钮，完成在"开始"菜单中添加程序的操作。
(6) 关闭"自定义经典'开始'菜单"对话框和关闭"任务和开始菜单属性"对话框。

将 WINWORD.exe 添加到"开始"菜单，如图 2—27 所示。

**2. 设置桌面背景**

用户可以选择单一的颜色作为桌面的背景，也可以选择类型为 BMP、JPG、HTML 等的位图文件作为桌面的背景图片。

设置桌面背景的操作步骤如下：

（1）右击桌面任意空白处，在弹出的快捷菜单中选择"属性"命令，或单击"开始"、"设置"、"控制面板"菜单命令，打开"控制面板"对话框，双击"显示"图标。

（2）打开"显示属性"对话框，选择"桌面"选项卡，如图2—28所示。

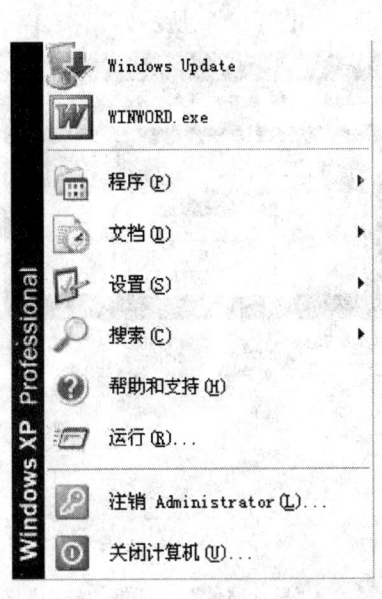 

图2—27 在"开始"菜单中添加Word程序　　图2—28 "显示属性"对话框"桌面"选项卡

（3）在"背景"列表框中可选择一幅喜欢的背景图片，在选项卡中的显示器中将显示该图片作为背景图片的效果，也可以单击"浏览"按钮，在本地磁盘或网络中选择其他图片作为桌面背景。在"位置"下拉列表中有居中、平铺和拉伸三种选项，可调整背景图片在桌面上的位置。若用户想用纯色作为桌面背景颜色，可在"背景"列表中选择"无"选项，在"颜色"下拉列表中选择喜欢的颜色，单击"应用"按钮即可。

**3. 设置屏幕保护**

在实际使用中，若彩色屏幕的内容一直固定不变，间隔时间较长后会减少屏幕使用寿命，因此若在一段时间内不用计算机，可自动启动设置的屏幕保护程序，用动态的画面显示屏幕，以保护屏幕。

设置屏幕保护程序的操作步骤如下：

（1）在"显示属性"对话框中，选择"屏幕保护程序"选项卡，如图2—29所示。

（2）在该选项卡的"屏幕保护程序"选项组中的下拉列表中，选择一种屏幕保护程序，在选项卡的显示器中即可看到该屏幕保护程序的显示效果。单击"设置"按钮，可对该屏幕保护程序进行一些设置；单击"预览"按钮，可预览该屏幕保护程序的效果，移动鼠标或操作键盘即可结束屏幕保护程序；在"等待"文本框中可输入或调节微调按钮设置"等待"时间，单击"确定"即可，若计算机长时间无人使用则启动该屏幕保护程序。

（3）可以设置密码保护，选择"在恢复时使用密码保护"复选框，在结束屏幕保护时，会提示输入密码。

## 4. 更改显示外观

更改显示外观就是更改桌面、消息框、活动窗口和非活动窗口等的颜色、大小、字体等。在默认状态下，系统使用的是"Windows 标准"的颜色、大小、字体等设置。用户也可以根据自己的喜好设计自己喜欢的这些项目的颜色、大小和字体等显示方案。

更改显示外观的操作步骤如下：

（1）在"显示属性"对话框中，选择"外观"选项卡，如图 2—30 所示。

 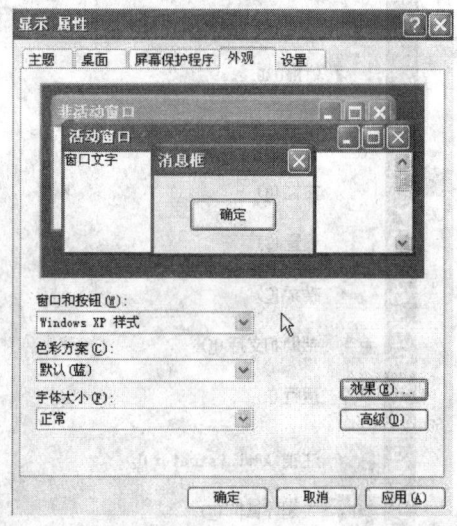

图 2—29  "显示属性"对话框"屏幕保护程序"选项卡　　图 2—30  "显示属性"对话框"外观"选项卡

（2）在该选项卡中的"窗口和按钮"下拉列表中有"Windows XP 样式"和"Windows 经典样式"两种样式选项。若选择"Windows XP 样式"选项，则"色彩方案"和"字体大小"只可使用系统默认方案；若选择"Windows 经典样式"选项，则"色彩方案"和"字体大小"下拉列表中提供有多种选项供用户选择。

单击"高级"按钮，将弹出"高级外观"对话框，如图 2—31 所示。

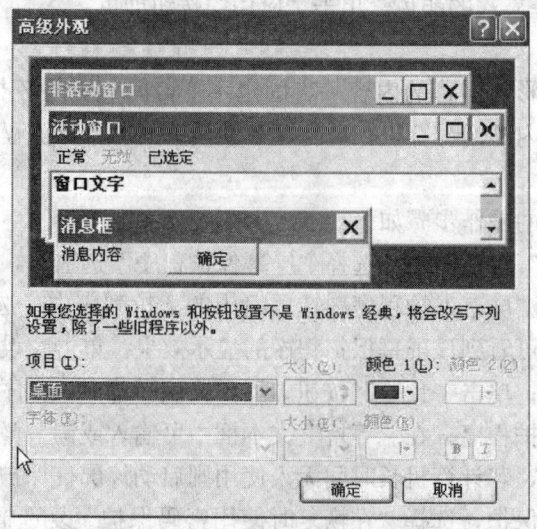

图 2—31　"高级外观"对话框

在该对话框中的"项目"下拉列表中提供了所有可进行更改设置的选项,用户可单击显示框中的想要更改的项目,也可以直接在"项目"下拉列表中进行选择,然后更改其大小和颜色等。若所选项目中包含字体,则"字体"下拉列表变为可用状态,用户可对其进行设置。

(3) 设置完毕后,单击"确定"按钮回到"外观"选项卡中。

(4) 单击"效果"按钮,打开"效果"对话框,如图2—32所示。

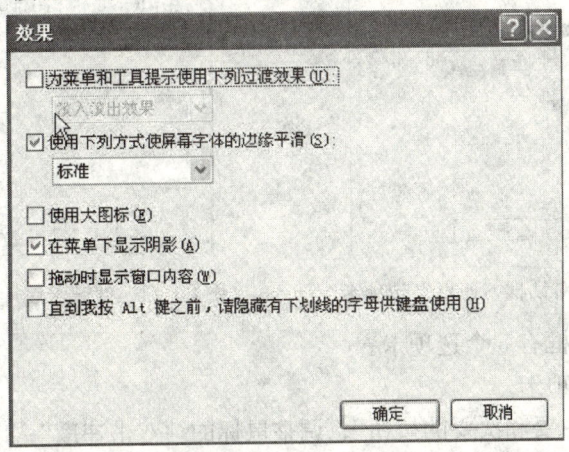

图2—32 "效果"对话框

(5) 在该对话框中可进行显示效果的设置,单击"确定"按钮回到"外观"选项卡中。

(6) 单击"应用"和"确定"按钮即可应用所选设置。

### 三、键盘、鼠标、日期和时间设置

鼠标和键盘是操作计算机过程中使用最频繁的设备之一,几乎所有的操作都要用到鼠标和键盘。在安装Windows XP时系统已自动对鼠标和键盘进行过设置,但这种默认的设置可能并不符合用户个人的使用习惯,这时用户可以按个人的喜好对鼠标和键盘进行一些调整。

**1. 键盘设置**

键盘有不同的响应特性和不同的语言及布局。控制面板向用户提供了设置键盘的工具,只要双击控制面板上的"键盘"图标,就可以对键盘进行设置。

"键盘属性"对话框中有2个选项卡:

(1) "速度"选项卡:用于设置出现字符重复的延缓时间,重复速度为光标闪烁速度,如图2—33所示。

(2) "硬件"选项卡:用于安装键盘驱动程序。点击"属性"按钮可更新键盘驱动程序,如图2—34所示。

**2. 鼠标设置**

在Windows中,鼠标是一种极其重要的设备,鼠标性能的好坏直接影响到工作效率。控制面板向用户提供了鼠标设置的工具。只要双击控制面板上的"鼠标"图标,出现"鼠标属性"对话框,如图2—35所示,在该对话框中可以对鼠标进行设置。

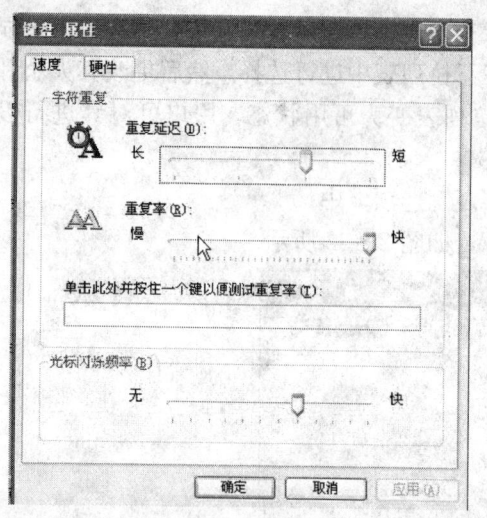

图 2—33 "键盘属性"对话框"速度"选项卡

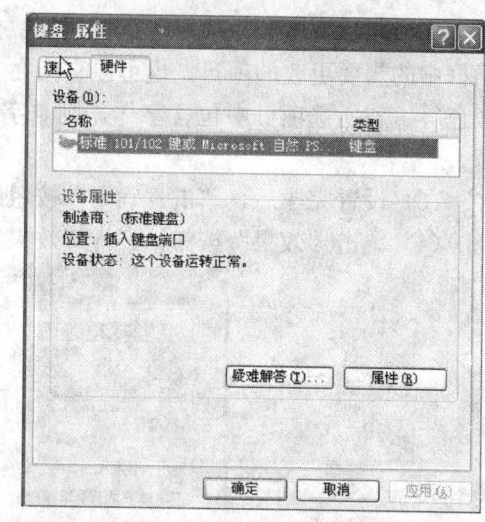

图 2—34 "键盘属性"对话框"硬件"选项卡

"鼠标属性"对话框有 5 个选项卡。

(1) "鼠标键"选项卡

用于选择"切换主要和次要的按钮"、调整鼠标的"双击速度",以及"启用单击锁定"。选择"切换主要和次要的按钮",鼠标左、右按钮的性能被交换。选择"启用单击锁定"选项可以不用一直按着鼠标按钮就可以突出显示或拖拽。

(2) "指针"选项卡

鼠标"指针"选项卡,如图 2—36 所示。用于改变鼠标指针的大小和形状。

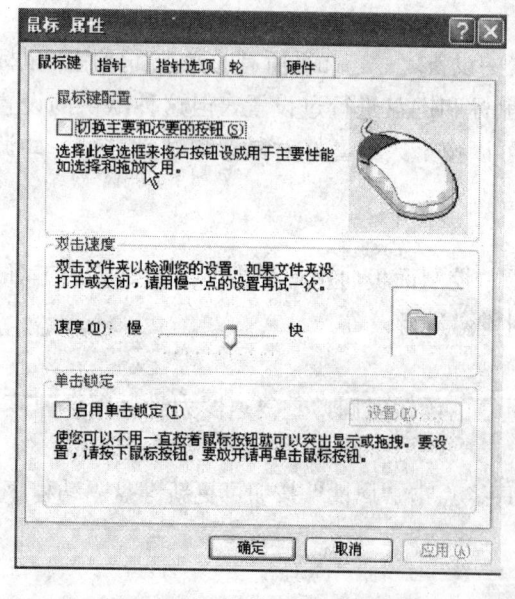

图 2—35 "鼠标属性"对话框

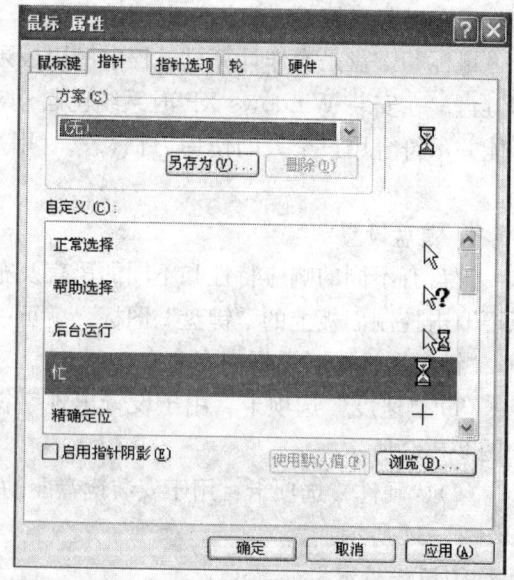

图 2—36 "鼠标属性"对话框"指针"选项卡

(3) "指针选项"选项卡

如图 2—37 所示,用于设置鼠标的移动速度,显示指针可见性。

(4) "轮"选项卡

如图 2—38 所示，用于指定滚动滑轮一个齿格一次滚动的行数或滚动一次滚动一个屏幕。

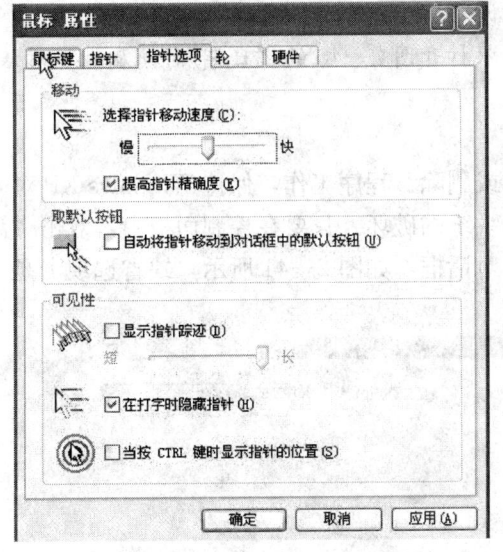 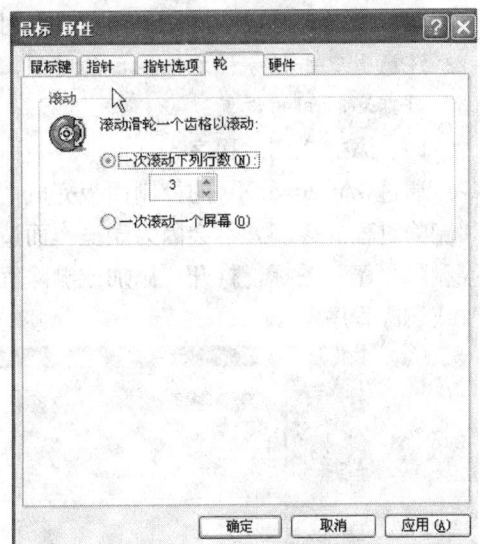

图 2—37 "鼠标属性"对话框"指针选项"选项卡　　图 2—38 "鼠标属性"对话框"轮"选项卡

(5)"硬件"选项卡

如图 2—39 所示，用于安装鼠标驱动程序。点击"属性"按钮可更新鼠标驱动程序。

## 3. 时间和日期设置

操作步骤：

(1)选择"开始"、"设置"、"控制面板"，打开"日期和时间"对话框，如图 2—40 所示。

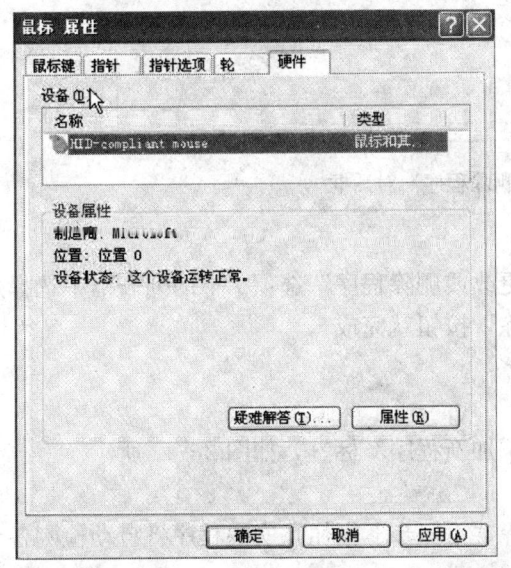 

图 2—39 "鼠标属性"对话框"硬件"选项卡　　图 2—40 "日期和时间"属性对话框

(2)在"日期和时间属性"对话框中选择"日期和时间"选项卡，"日期"选项区中可以更改年、月、日，同时也可以查看日期对应的星期。

（3）在对话框"时间"选项区中设置时间，在"时间"文本框中，可以直接输入时间，也可以通过微调按钮进行设置。

（4）单击"确定"按钮，完成日期时间的设置。

**注意**：双击任务栏右端显示的时间，也可以打开图 2—40 的"日期/时间属性"对话框，进行日期和时间的设置。

### 四、添加或删除程序

通过 Windows XP 的控制面板完成"添加或删除"程序工作，保持 Windows XP 对安装和删除过程的控制，不会因为误操作而造成对系统的破坏。只要在控制面板中，双击"添加或删除程序"图标，打开"添加或删除程序"对话框，如图 2—41 所示，缺省选项卡是"更改或删除程序"。

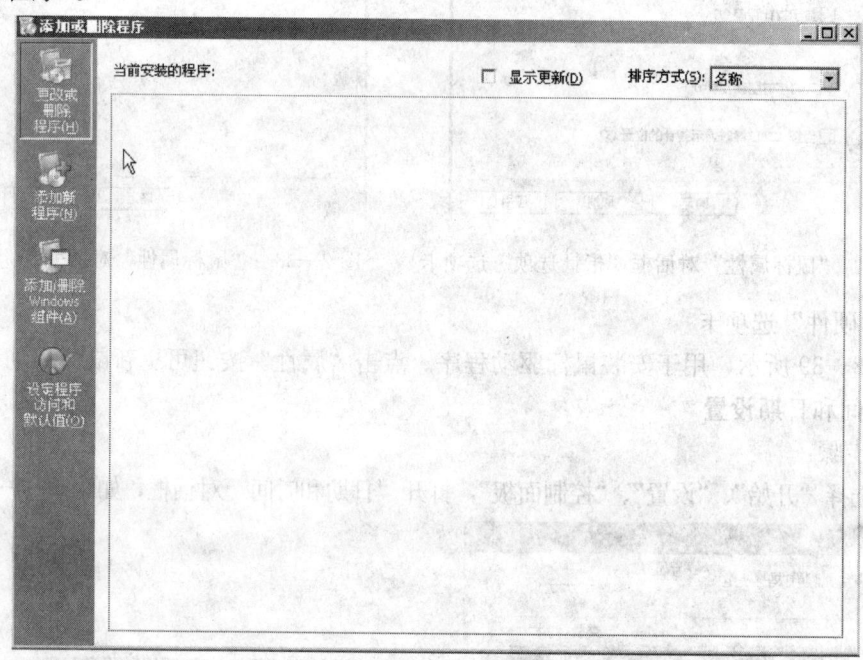

图 2—41 "添加或删除程序"对话框

**1. 删除应用程序**

删除应用程序的操作非常简单，只要在"更改或删除程序"选项卡下的列表框中选择想要删除的应用程序，然后选择"更改"或"删除"按钮就完成。

**2. 添加新程序**

安装应用程序的步骤如下：

（1）在"添加删除程序"对话框中选择"添加新程序"标签，如图 2—42 所示。

（2）选择"CD 或软盘"按钮。

（3）插入第一张安装软盘或光盘，然后选择"下一步"按钮，安装程序将自动检测各个驱动器，对安装盘进行定位。

（4）如果自动定位不成功，将弹出"运行安装程序"对话框。此时，既可以在"安装程序的命令行"文本框中输入安装程序的位置和名称，也可以用"浏览"按钮定位安装程序。如果定位成功，选择"完成"按钮，就开始应用程序的安装。

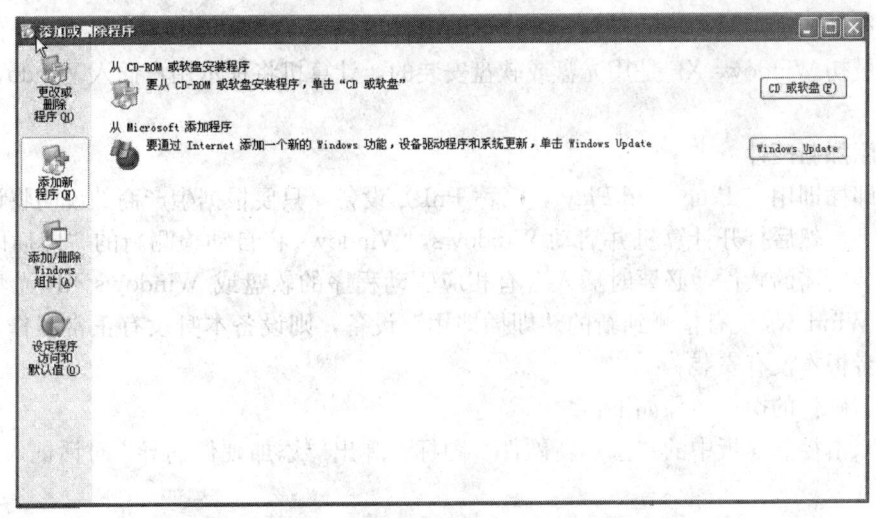

图 2—42 "添加或删除程序"对话框

（5）安装结束后，在"添加或删除程序"对话框中，选择"确定"按钮。

**3. 安装和删除 Windows XP 组件**

Windows XP 提供了丰富且功能齐全的组件。在安装 Windows 的过程中，考虑到用户的需求和其他限制条件，往往没有把组件一次性安装好。在使用过程中，根据需要再来安装某些组件。同样，当某些组件不再使用时，可以删除这些组件，以释放磁盘空间。

安装和删除 Windows XP 组件操作步骤如下：

（1）在"添加或删除程序"对话框中，选择"添加或删除 Windows 组件"选项卡，打开"Windows 组件向导"对话框，如图 2—43 所示。

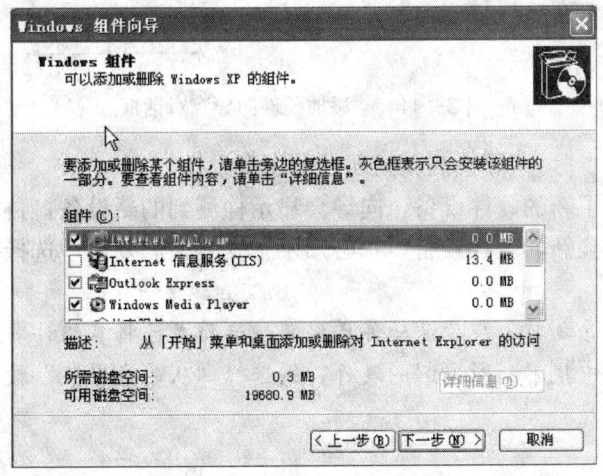

图 2—43 "Windows 组件向导"对话框

（2）在组件列表框中，选定要安装的组件复选框，或者清除要删除的组件复选框。

**注意：**如果组件左边的方框中有"√"，表示该组件已安装。每个组件包含一个或多个程序，如果要添加或删除一个组件的部分程序，则先选定该组件，然后单击"详细信息"。选择或清除要添加或删除的部分即可。

(3) 选择"确定"按钮，开始安装或删除组件。

如果最初 Windows XP 是用光盘或软盘安装的，计算机将提示用户插入 Windows XP 安装盘。

**五、添加新硬件**

对于即插即用（Plug And Play，简称 PnP）设备，只要根据生产商的说明将设备连接到计算机上，然后打开计算机并启动 Windows，Windows 将自动检测新的"即插即用"设备，并安装所需的软件，必要时插入含有相应驱动程序的软盘或 Windows XP 光盘就可以了。如果 Windows 没有检测到新的"即插即用"设备，则设备本身没有正常工作、没有正确安装或者根本没有安装。

添加新硬件的操作步骤如下：

(1) 双击控制面板中的"添加新硬件"图标。弹出"添加硬件向导"对话框，如图 2—44 所示。

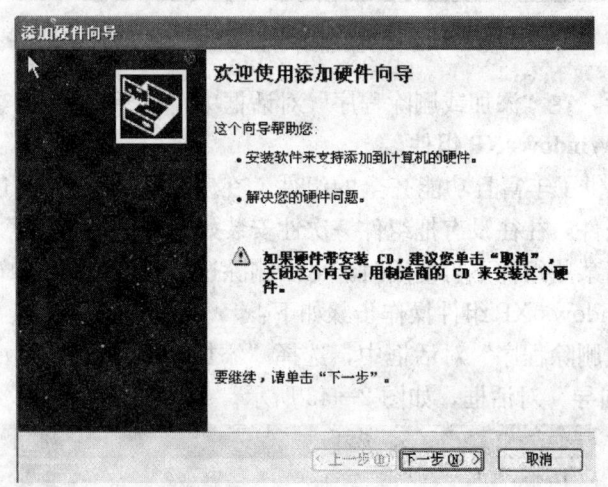

图 2—44　"添加硬件向导"对话框

(2) 选择"下一步"，向导检测新的即插即用型设备。

(3) 如果检测到了新的硬件设备，向导会显示检测到的新设备，再进行安装。

(4) 如果检测不到新的硬件设备，则必须手工安装，需要用户选择硬件类型、产品厂商和产品型号。

**注意**：在运行向导之前，应确认硬件已经正确连接或已将其组件安装到计算机上。如果在厂商和类型列表框中找不到所安装的硬件，则选择"从磁盘安装"按钮，从安装盘中安装该硬件的设备驱动程序。

**六、添加打印机**

打印机是常用的一种输出设备。首先要将打印机硬件和计算机进行连接，然后安装软件才能实现打印。

安装打印机的操作步骤：

(1) 单击"开始"、"设置"、"控制面板"命令，打开"控制面板"对话框，双击"打印机和传真"，选择"添加打印机"，这时打开"添加打印机向导"对话框，如图 2—45 所示。

(2) 单击"下一步"按钮，打开"本地或网络打印机"对话框，用户可以选择安装本地

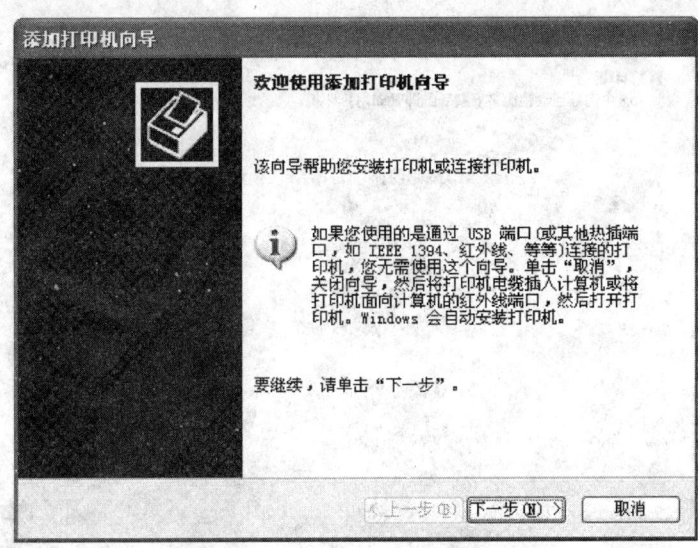

图 2—45 "添加打印机向导"对话框

或者是网络打印机,如图 2—46 所示。

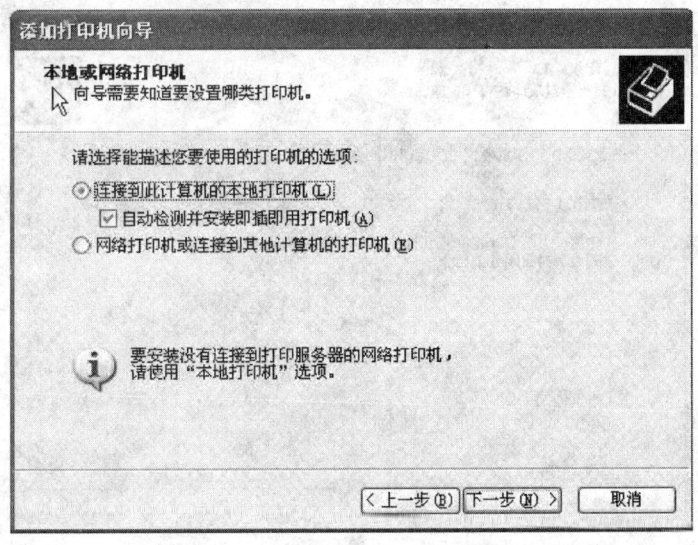

图 2—46 "本地或网络打印机"对话框

选择"本地打印机",是指将打印机与用户正设置的机器相连接。选择"网络打印机",是指打印机为网络打印机或连接到网络上的其他计算机上。

当选择"自动检测并安装即插即用打印机"复选框时,在随后会出现"新打印机检测"对话框,添加打印机向导自动检测并安装新的即插即用的打印机,当搜索结束后,会提示用户检测的结果,如果找不到打印机,用户要手动安装,单击"下一步"按钮继续,如图 2—47 所示。

(3) 单击"下一步",向导打开"选择打印机端口"对话框,如图 2—48 所示。要求用户选择所安装的打印机使用的端口,在"使用以下端口"下拉列表框中提供了多种端口,系统推荐的打印机端口是 LPT1,大多数的计算机也是使用 LPT1 端口与本地计算机通信,如

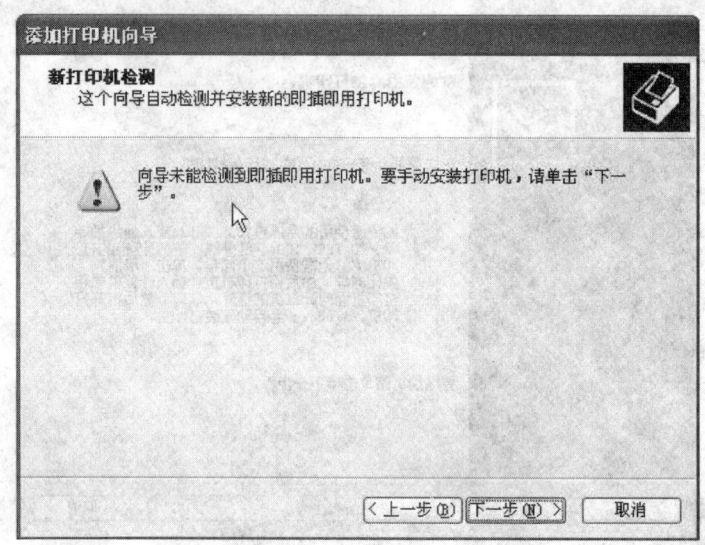

图 2—47 "新打印机检测"对话框

果用户使用的端口不在列表中,可以选择"创建新端口"单选项来创建新的通信端口。

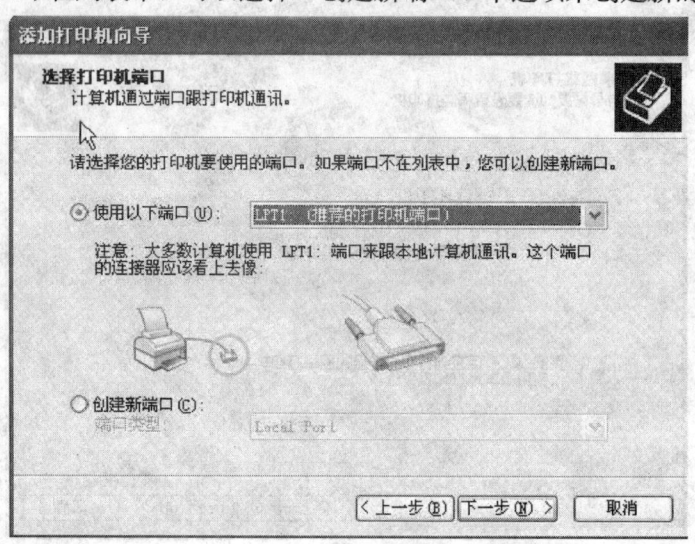

图 2—48 "选择打印机端口"对话框

(4) 单击"下一步",选择打印机生产厂商和打印机型号。例如选择 Epson LQ—1600 KIII。如图 2—49 所示。

如果列表中没有对应的打印机厂商和型号,则应选择"从磁盘安装"方式。之后为打印机安装驱动程序,键入名称并设置默认打印机。

(5) 在"打印机共享"对话框中,可以根据实际情况将打印机设置是否共享。是否进行打印测试页。

(6) 单击"下一步"按钮,出现"正在完成添加打印机向导"对话框,在此显示了所添加的打印机的名称、共享名、端口以及位置等信息,如果用户需要改动的话,可以单击"上一步"返回到上面的步骤进行修改,当用户确定所做的设置无误时,可单击"完成"按钮关

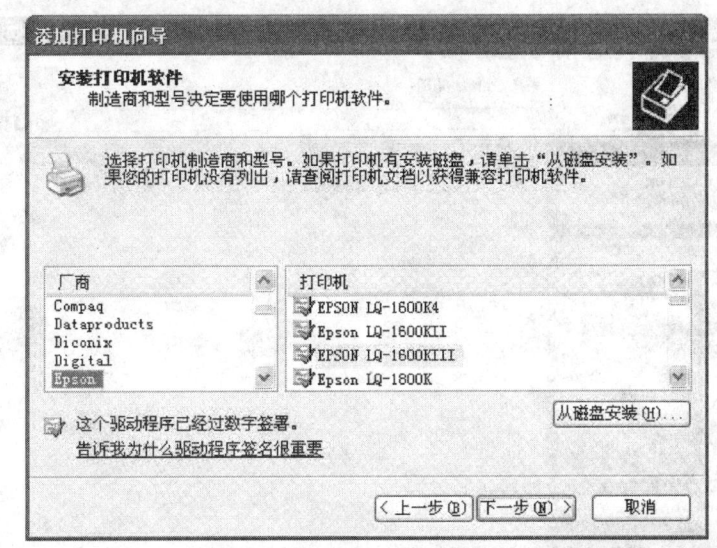

图 2—49 选择打印机厂商和型号

闭"添加打印机向导",如图 2—50 所示。

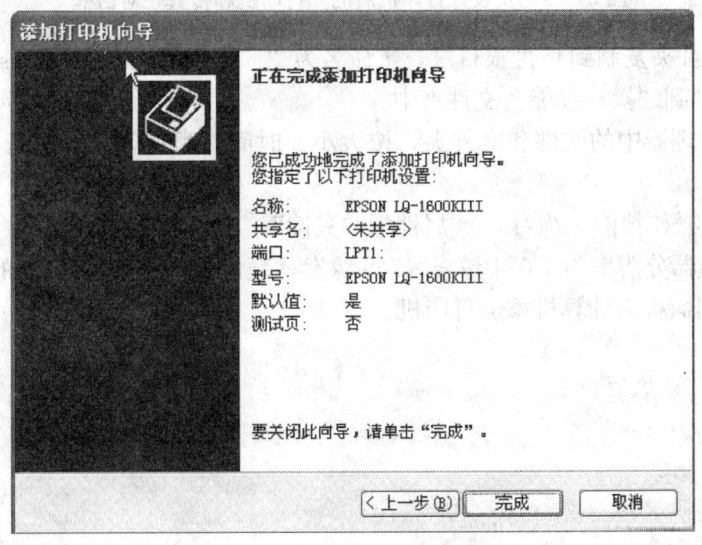

图 2—50 "正在完成添加打印机向导"对话框

安装成功后,打开"打印机和传真"对话框,如图 2—51 所示。

## 操作技能训练

1. 在桌面上为"附件"中的"计算器"软件建立快捷方式。
2. 在 C 盘根目录下建立一个名为 user 的子目录,在其中使用记事本建立一个文档,命名为"练习"。
3. 使用一种方法打开资源管理器,在 D 盘根目录下建立一个名为"计算机"的文件夹,

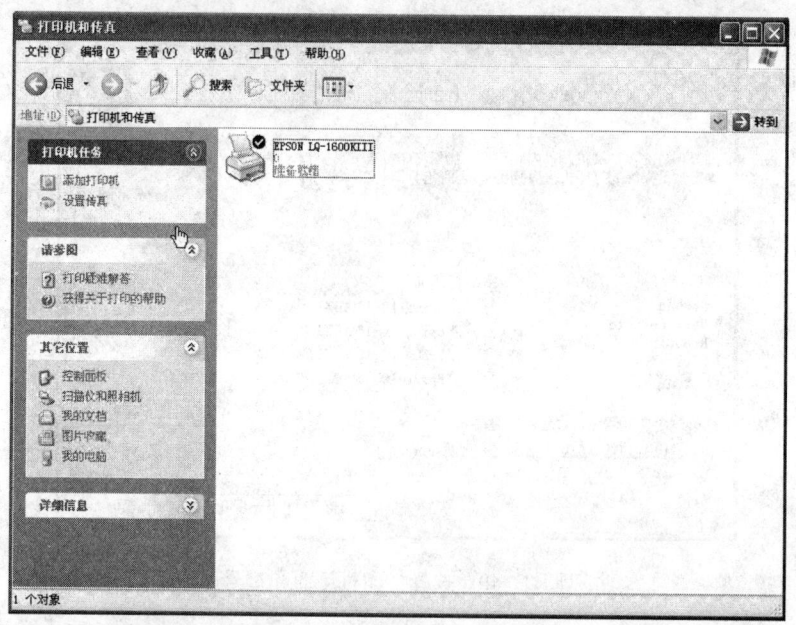

图 2—51 安装好打印机后的"打印机和传真"对话框

将"计算机"文件夹复制到 C 盘根目录,重命名为"操作技能"。将 C 盘 user 目录下建立的"练习"文档复制到"操作技能"文件夹中。

4. 将资源管理器中的文件和文件夹,按大小、时间、类型等方式进行排列,比较其排列顺序有何不同。

5. 设置 C:\操作技能 \ 练习 .txt 属性为"只读"。

6. 设置显示器分辨率为 1 024 像素×768 像素,颜色 16 位,设置一新的桌面背景。

7. 使用控制面板为计算机添加打印机。

# 第三单元 键盘操作和输入法

本单元介绍键盘操作，指法的正确运用，正确的打字方法和常用的中文输入法。中文输入法，主要是常用的拼音输入法，并简要介绍五笔字型输入法。

## 模块一 计算机键盘操作

**学习目标**
1. 掌握计算机键盘的分区。
2. 掌握键盘操作规则。
3. 进行正确键盘指法练习。

键盘是计算机系统的标准输入设备，它是从英文打字机发展而来。要使用好计算机，必须清楚计算机键盘上各键的作用，熟练地掌握键盘上各键的使用方法。

### 一、键盘的分区

键盘一般分为五个区域如图 3—1 所示。

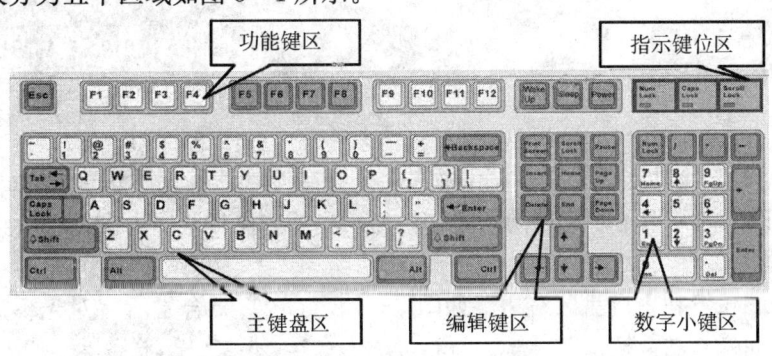

图 3—1 键盘五个区域

**1. 主键盘区**

键盘上最左侧键位区是键盘的主要键区，如图 3—2 所示。包括字母键、数字键、特殊符号键和一些功能键，它们的使用频率非常高。

字母键：包括 26 个英文字母，A～Z，用于输入英文字母或汉字编码。这些键上标着大写英文字母，通过转换可以有大小写两种状态，开机时默认为是小写状态。

数字键：包括 0～9 共 10 个键位，它们位于主键盘区的最上面。这些键都是双字符键，上档是一些符号，下档是数字。

符号键：分布在 21 个键位上，用于输入 32 个常用符号。

图 3—2　主键盘区

Windows 专用键：用于 Windows 的操作。

空格键：1 个，用于输入空格。

Shift 换档键：2 个，按下该键不松手，再击双字符键，则输入上档符号，不按该键则输入下档符号。按住 Shift 键不放，再按字母键，则改变大小写输入字母。即原来为小写，则此操作输入大字字母；若为大字，则此操作输入为小写。

Enter 回车键：1 个，当向计算机输入命令后，按下此键输入的命令被接受和执行。

Ctrl 控制键：2 个，该键常与其他键联合使用，起某种控制作用。

Alt 转换键：2 个，该键不单独使用，和其他键组合起来，起某种转换或控制作用。

Capslock 大小写锁定键：按下此键，输入的字母为大写字母，直到再按一下此键为止。

Tab 制表位键：按一下此键，光标移动到下一个制表位。

Backspace 退格键：按一下此键，删除光标位置左边的一个字符，并使光标左移一个字符位置。

### 2. 功能键区

位于键盘最上一排，如图 3—3 所示。

图 3—3　功能键区

F1～F12 共 12 个功能键，在不同的软件里，每一个功能键都被赋予了不同的功能。

Esc 退出键：通常用于取消当前的操作，退出当前的操作或回退到上一级菜单。

### 3. 编辑键区

编辑键区的位置在主键盘区右边，如图 3—4 所示，它集合了所有对光标进行操作的键位以及一些页面操作功能键。

Insert 插入键：插入键主要用来在处理文档时设置文档的插入或改写状态，插入键是一个开关键，按一下插入键，系统会将文档转为改写状态，再按一下，系统又会将文档改回为插入状态。当系统处于插入状态时，输入的字符插入在光标出现的位置；当系统处于改写状态时，输入字符将改写光标处字符。

Home 行首键：在文字处理软件环境下，敲击 Home 键，可以使光标回到一行的行首。在移动的时候，只是光标移动，而文字不会动。如果使用 Ctrl＋Home 组合键，则会将光标快速移动到文章的开头。

End 行尾键：End 键的作用与 Home 键的功能相反。在文字处理软件环境下，敲一下这个键，光标将移动到本行行尾。如果敲入 Ctrl＋End 组合键，则会将光标快速移动到文章的最后位置。

Page up 向上翻页键：在文字编辑环境下，单击此键可以将文档向前翻一页，如果已达到文档最顶端，则此键不起作用。

Page Down 向下翻页键：在文字编辑环境下，单击此键可以将文档向后翻一页，如果已达到文档最末端，则此键不起作用。

Delete 删除键：删除键可以用来删除光标右侧的字符，敲一下删除键，删除右侧字符后光标位置不会改变。

Print screen 屏幕打印键：按下该键，将会把当前屏幕上的信息保存于内存中，可以在画图软件及其他的图像处理软件中使用粘贴的方法将图片保存为文件。

Scroll lock 屏幕锁定键：有一些软件会采用相关技术让屏幕自行滚动，按下该键后，将会停止屏幕滚动。

Pause 键：按下该键，可以暂停当前正在运行的程序文件。

↑↓→← 键：光标移动键共有四个，其上标识有上下左右四个方向箭头。在编辑文档时，光标移动键应用得非常广泛。

### 4. 数字小键盘区

数字小键盘区位于键盘的右下部分，如图 3—5 所示。

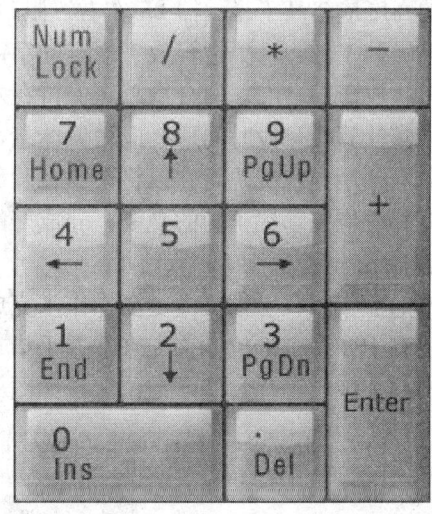

图 3—4　编辑键盘区　　　　图 3—5　数字小键盘区

数字小键盘区共有 17 个键位，主要包括一些数字键和运算符号键，数字小键盘适合经常接触大量数据信息的专业人士使用。数字小键盘的键位作用跟主键盘区的数字键位功能相同。

数字小键盘区有一个 Num Lock 键，叫做数字锁定键。数字锁定键的作用是用来打开与关闭数字小键盘区。按一下 Num Lock 键，指示键位区的 Num Lock 指示灯亮，表明此时数字小键盘区为开启状态，再按下该键，指示灯灭，就表示小键盘已经处于关闭状态了。

### 5. 指示键位区

指示键位区位于键盘右上角位置，如图 3—6 所示，普通键盘共有三个指示灯，分别是 Num Lock（数字键盘锁定指示灯）、Caps Lock（大小写字母锁定指示灯）和 Scorll Lock

（屏幕滚动锁定指示灯）。

图 3—6　指示键位区

当 Caps Lock 指示灯亮时，表示此时处于大写状态，敲入字母将会自动转换为大写；当 Num Lock 指示灯亮时，表示此时数字小键盘处于打开状态；当 Scroll Lock 指示灯亮时，表示此时激活了屏幕滚动功能。

### 二、键盘操作规则

在操作键盘时，必须掌握相应的操作规则。

**1. 基本要求**

在操作计算机时，必须注意正确的姿势，如果操作者姿势不对，就不容易做到准确快速的操作计算机，打字时间一长，还会感到疲劳。操作计算机时最好使用专门配备的计算机桌椅，计算机桌的高度要合适，椅子应是可以调节高度的转椅。

身体背部挺直，稍偏于键盘左方并微向前倾，双腿平放于桌下，身体微向前倾，身体与键盘的距离约为 30～40 cm。

眼睛的高度应略高于显示器 25°左右、眼睛与显示器距离为 40～50 cm。

两肘轻轻贴于腋边，手轻轻放于规定的字键上，手腕平直，两肩下垂。手指保持自然弯曲、形成勺状放于键盘上，两食指总是保持在左手 F 键处、右手 J 键处的位置。

连续操作计算机一段时间后，应稍做休息，可以采用远眺、做眼保健操等方式减轻眼睛的压力，最好是用温水洗洗脸，以将聚集在脸部的静电放掉。

操作计算机应该掌握正确的坐姿，养成好的习惯，这样才会更高效、舒适。

**2. 键盘指法分区**

计算机的操作，几乎都是由键盘操作来完成的，因此必须掌握正确的键盘操作规则。

键盘上有 100 多个键位，首先来掌握手指在键盘上是如何放置的。人们在计算机的主键盘区划分出一个区域，称为基准键位区，如图 3—7 所示。

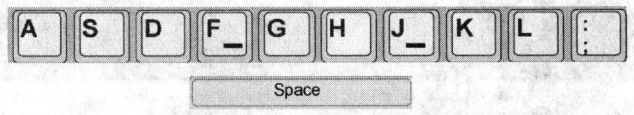

图 3—7　基准键位区

基准键位包括"A、S、D、F、G、H、J、K、L、;、Space"共 11 个键，Space 键又称为空格键，也属于基准键位，用于放置左右手大拇指。

基准键位区中间位置的"F"键和"J"键上各有一个突起的小横杠或小圆点，这是两个定位点，主要是为了方便寻找到基准键位，如图 3—8 所示。

图 3—8　基准键位

当准备操作键盘时，首先应将双手放在基准键位区。具体放置方法如图3—9所示，放手指时，先将左手的食指放在"F"键上，右手的食指放在"J"键上，双手大拇指放于空格键上方，其他的手指依次放下就可以了。

当要操作其他键位时，手指从基准键位出发，敲击完后回到基准键位。

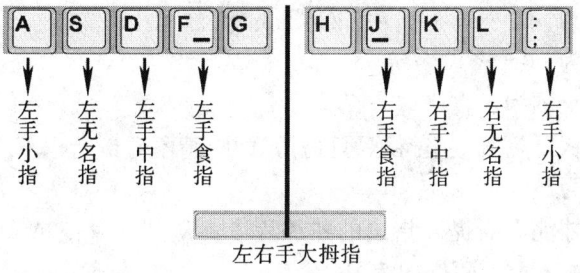

图3—9 基准键位放置方法

将手指放于基准键位上后，当要击打其他键时，手指就需要从基准键位上抬起并移动到对应的键位上方再敲击键位即可，手指击键时应遵守如下规则：

击键前，将双手轻放于基准键位上，左右拇指轻放于空格键位上。

手掌以腕为支点略向上抬起，手指保持弯曲，略微抬起，以指头击键，不要以指尖击键，击键动作应轻快，干脆，不可用力过猛。

手指击完键后，马上回到基准键位区相应位置，准备下一次击键。

当要敲击其他键位时，手指从基准键位出发去击打键位。每个手指都有自己负责击打的键位，在击键时都是各司其职，互不干扰。各个手指击键的范围如图3—10所示。在击键时必须保证每个手指都只击自己负责的键位，不能越位击键。

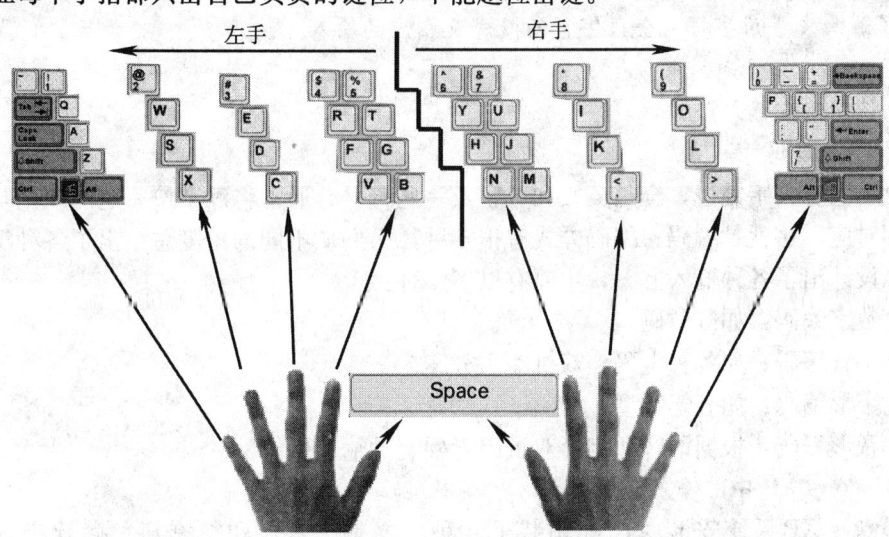

图3—10 各手指击键键位

在击键过程中，按照如图3—10的范围击键，每个键位由规定的手指来击键。

左食指击键范围为：4 5 R T F G V B

右食指击键范围为：6 7 Y U H J N M

左中指击键范围为：3　E　D　C
右中指击键范围为：8　I　K　，
左无名指击键范围为：2　W　S　X
右无名指击键范围为：9　O　L　。
左小指击键范围为：1　~　Q　A　Z　Tab等
右小指击键范围为：0　P　；/等
左、右拇指击键范围为：空格键

在键盘操作中，从开始就应坚持练习盲打，即眼睛不看键盘也不看屏幕，只看稿件。

### 三、键盘指法练习

通过打字练习，才能不断提高指法的熟练程度。从基本键位 A、S、D、F、G、H、J、K、L、；开始，逐渐加入上下两排的练习。

利用学习软件进行指法练习是最有效的方法之一。

坚持正确的坐姿和指法，在力求准确的基础上提高打字速度是整个输入技术的关键。

# 模块二　中文输入法

**学习目标**

1. 掌握中文输入法的安装及中文输入法的基本使用方法。
2. 掌握汉字单字、词组的输入方法。
3. 掌握在汉字的输入过程中西文字符的快速输入方法。
4. 了解西文半角字符与全角字符的概念及相应的输入方法。

### 一、认识中文输入法

**1. 汉字的编码**

键盘上没有汉字键位，全是英文和数字及一些符号，通常将汉字按一定的规则与键盘上的键位相对应，这就是编码。编码方式有很多种，人们从不同的角度总结出了各种汉字的构字规律，设计出了各种输入方案，主要有以下4种：

（1）数字编码：如区位码。

（2）字音编码：如各种全码、双拼输入方案。

（3）字形编码：如五笔字型。

（4）音形编码：根据语音和字形双重因素确定的输入码。

**2. Windows XP 中的输入法切换**

Windows XP 系统安装时已经预装了几种中文输入法，包括全拼、微软拼音、智能ABC、区位码等。根据需要还可以任意安装或卸载输入法。可以单击"语言栏"中的输入法图标，打开"输入法"菜单，如图3—11所示。

当启动某种中文输入法后，桌面上将显示中文输入状态栏，它提供了几种情况的切换方法。

（1）中/英文输入切换。单击"中/英输入切换"按钮，可以在中/英文输入之间进行切

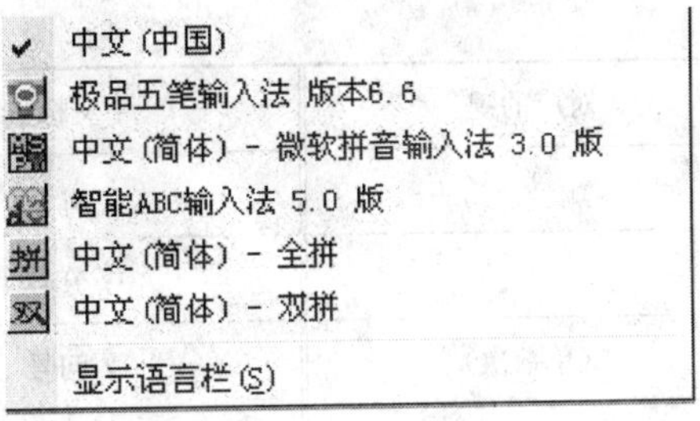

图 3—11 "输入法"菜单

换。当显示"A"字母时,表示英文输入状态;当显示某种图案时,表示中文输入状态,如图 3—12 所示。还可以在键盘上直接按 Ctrl+空格组合键,进行中/英输入的切换。

图 3—12 中英文切换

(2) 中文输入法切换。输入方式切换按钮显示当前选用的输入方式名称,单击该按钮,可以在中文输入法之间进行切换。还可以在键盘上直接按 Ctrl+Shift 组合键,进行中文输入方法的切换。

(3) 全角/半角字符切换。所谓半角字符是指输入的英文字符占半个汉字的位置,半角状态呈现月牙形;全角字符是指输入的英文字符占一个汉字的位置,全角状态呈现满月形,如图全半角状态,如图 3—13 所示。两种状态下输入的数字、英文字母、标点符号是不同的,单击该按钮,可以在全角/半角之间进行切换。还可以在键盘上直接按 Shift+空格组合键完成切换。

图 3—13 全角/半角切换

(4) 中/英文标点符号的切换。中/英文标点符号的显示形式是不同的。例如:中文标点符号的句号用"。"表示,而英文的句号用"."表示。单击该按钮,可以在中/英文标点符号之间进行切换,如图 3—14 所示。还可以在键盘上直接按 Ctrl+. 组合完成切换。

图 3—14 中/英文标点切换

### 3. 中/英文标点符号对照

中文标点符号在键盘上对应的位置见表 3—1。

表 3—1　　　　　　中文标点符号在键盘上对应的位置

| 中文标点 | 对应的键 | 中文标点 | 对应的键 |
| --- | --- | --- | --- |
| 、顿号 | \ | !感叹号 | ! |
| 。句号 | . | (左小括号 | ( |
| ·实心点 | @ | )右小括号 | ) |
| ——破折号 | | ,逗号 | , |

续表

| 中文标点 | 对应的键 | 中文标点 | 对应的键 |
|---|---|---|---|
| — 连字符 | & | ：冒号 | : |
| …… 省略号 | ^ | ；分号 | ; |
| '左引号 | '（单数次） | ？问号 | ? |
| '右引号 | '（偶数次） | ｛左大括号 | { |
| "左双引号 | "（单数次） | ｝右大括号 | } |
| "右双引号 | "（偶数次） | ［左中括号 | [ |
| 《左书名号 | < | ］右中括号 | ] |
| 》右书名号 | > | ￥人民币符号 | $ |

## 二、输入法简介

### 1. 全拼输入法

全拼输入法是一种完全按照标准的汉语拼音方案，逐个输入汉字的全部拼音字母来输入汉字和词汇的一种汉字输入法，属于音码输入法的一种。

启动全拼输入法，如图 3—15 所示。

图 3—15　全拼输入法图标

进入全拼输入法方式后，输入汉字声、韵字母，提示选择菜单中一次最多可显示"重码"的 10 个同音字、词，如图 3—16 所示。这时只需按空格键或所选择汉字前的数字代码，相应的汉字就会显示在屏幕的正文区内。

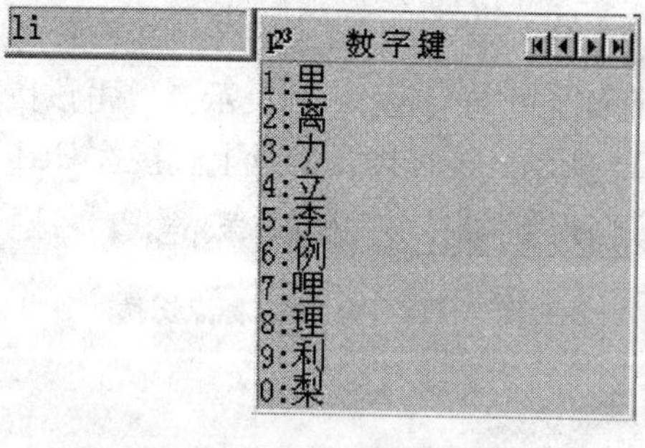

图 3—16　提示选择菜单

在输入拼音字母发生错误时，使用"Backspace"键进行删除，再重新输入正确的拼音字母。如果这 10 个汉字中没有你要选择的汉字时，可以用主键盘内的"＋"和"－"键上下翻页，重复执行可找到所需的汉字。

汉语拼音中的韵母"ü"，使用计算机键盘中的"v"字母代表。

### 2. 双拼输入法

大多数的汉字的汉语拼音都由声母和韵母组成。为了简化操作，规定各个声母和韵母各用一个字母（或个别字符）来代替，这就是双拼输入法。双拼是一种建立在拼音输入法基础上的输入方法，可视为全拼的一种改进，它通过将汉语拼音中每个含多个字母的声母或韵母各自映射到某个按键上，使得每个音都可以用最多两次按键打出，提高了拼音输入法的打字速度。这种声母或韵母的按键对应表称为双拼方案，如图3—17所示。这种方案不是固定的，现在流行的大多数拼音输入法都支持双拼，并且有各自不同的方案，还允许用户自定义方案。只要记住了所想要使用的方案，就能掌握双拼输入法。例如，"中"字拼音的韵母ｏｎｇ用字母ｓ来代替。

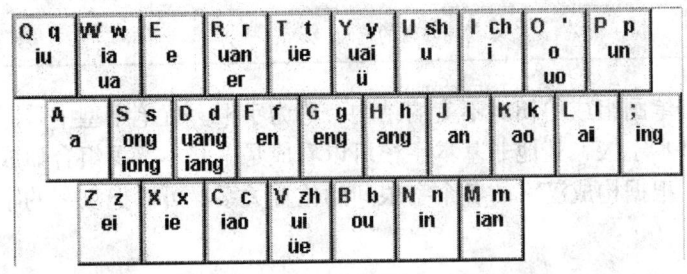

图3—17 声韵母对应表

### 3. 区位输入法

区位码由4位十进制数组成，分为区码和位码，它们的取值范围都是01～94。例如，"啊"字在第16区，第1位，其区位码为1601。区位码虽然可以输入汉字，但每一个汉字都有一个区位码，很难记忆，如果通过查表输入，速度较慢，一般汉字不采用区位码来输入。区位码输入法一般只用于输入一些特殊符号。

### 4. 智能ABC输入法

智能ABC有两种汉字输入方式：标准和双打。

标准方式：既可以全拼输入，也可以简拼输入，甚至混拼输入。

全拼输入按规范的汉语拼音输入，输入过程和书写汉语拼音的过程一致。

如：理论（lilun）

简拼输入取各个音节的第一个字母作编码进行输入。

如：理论（ll）

混拼输入指两个音节以上的词语，有的音节全拼，有的音节简拼。

如：埋论（llun）

双打方式：一个汉字在双打方式下，输入方法就是双拼输入法。

### 5. 五笔输入法

五笔字型是目前速度较快的汉字输入法，速度快的原因有三点：字和码基本上是一一对应，重码率低；有简码功能；支持词组输入。

(1) 汉字的层次

一个完整的汉字，可以划分为三个层次：笔画、字根和单字。

笔画：在书写汉字时，不间断的一次连续写成的一个线条。汉字的基本笔划分成五种：横、竖、撇、捺、折，如表3—2所示。

表 3—2　　　　　　　　　　　　汉字的五种基本笔画

| 笔画 | 种类 | 表示代号 |
|---|---|---|
| 横 | 一 包括"提" | 1 |
| 竖 | ｜ 包括"左勾" | 2 |
| 撇 | ノ | 3 |
| 捺 | ＼、包括"点" | 4 |
| 折 | 乙乚フく 等带转弯的笔画 | 5 |

字根：由若干笔画组成的相对不变的结构，称为字根。五笔字型中采用了 130 多个，用它们构成汉字的基本字根，其他非基本字根可以看成是由基本字根组合而成。

汉字的字型：根据构成汉字的各个字根间的位置关系，可以把汉字的字型分成三种，如表 3—3 所示。

表 3—3　　　　　　　　　　　　汉字的字型

| 字型 | 解释 | 表示代号 |
|---|---|---|
| 左右型 | 例如："代"为左右型 | 1 |
| 上下型 | 例如："型"为上下型 | 2 |
| 杂合型 | 没有明显的上下左右关系的均视为杂合<br>1. 一点带一个字根，例：户，术，勺，太<br>2. 单笔画与字根构成的汉字，例：且，生，自，尺，夭，下，正<br>3. 几个字根交叉套迭，例：夷，串<br>4. 包合或是半包合，例：团，逃 | 3 |

(2) 基本字根的键盘分布

为了把 130 种字根分布到键盘中各字母键上去，首先把键盘字母分成五个区，区号分别为 1~5。每个区再分成 5 个位，位号分别为 1~5。区号和位号组成一个字母键的编码，用 11~55 表示，如表 3—4 所示。键位分区，如图 3—18 所示。

表 3—4　　　　　　　　　　　　字母键的编码

| 区 | 包含键位 | 区位号 |
|---|---|---|
| 横 1 | G F D S A | 11 12 13 14 15 |
| 竖 2 | H J K L M | 21 22 23 24 25 |
| 撇 3 | T R E W Q | 31 32 33 34 35 |
| 捺 4 | Y U I O P | 41 42 43 44 45 |
| 折 5 | N B V C X | 51 52 53 54 55 |

25 个字母键分为 5 个区，每区分为 5 个位

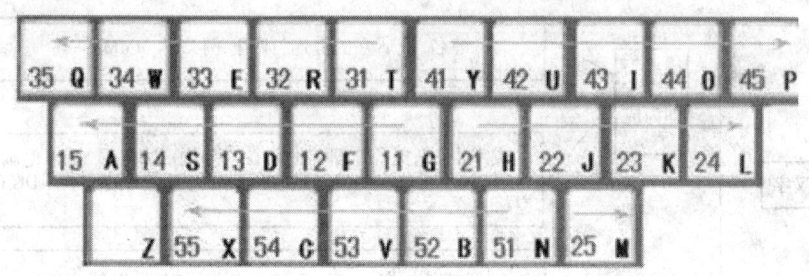

图 3—18 键位分区

将 130 个基本字根分布在五个区中的 25 个键位上，构成了五笔字型键盘字根图，如图 3—19 所示。

图 3—19 五笔字型键盘字根图

相似的字根通常在一个键位。通常字根第一笔为横在横区，第一笔为竖在竖区，以此类推。字根"一"为一横在横区第一号位，字根"二"为二横在横区第二号位，字根"三"为三横在横区第三号位。竖区等也是这样的情况；许多字根首笔笔画与区号一致，次笔画与位号一致。例，"竹"首笔为撇（对应于代号 3），故它在撇区，次笔为横（对应于代号 1），故它在撇区的第一号位，位于区位号为 31 的 T 键位。以上情况只是大多数适用，并不是绝对规则。

(3) 汉字的编码

掌握了字根键盘分布和汉字的字型结构后，只要掌握了五笔字型的编码原则，就可以输入汉字了。一个汉字最多编出四个码，按顺序找出字根取出前三个码，第四个码取自该字最末一个字根。对一个汉字取字根的顺序，按从上到下、从左到右，从外到内（全包围）、从里到外（半包围）的笔顺。编码流程如图 3—20 所示。

五笔字型编码歌：

五笔字型均直观，依照笔顺把码编；

键名汉字打四下，基本字根请照搬；

一二三末取四码，顺序拆分大优先；

不足四码要注意，交叉识别补后边。

键名：25 个字母键键位每个均分布多个字根，有的字根本身就是汉字，例如：F 键位中王、五、一，这三个字根也是三个汉字，这样的字根叫成字根，每个键位取一个成字根为

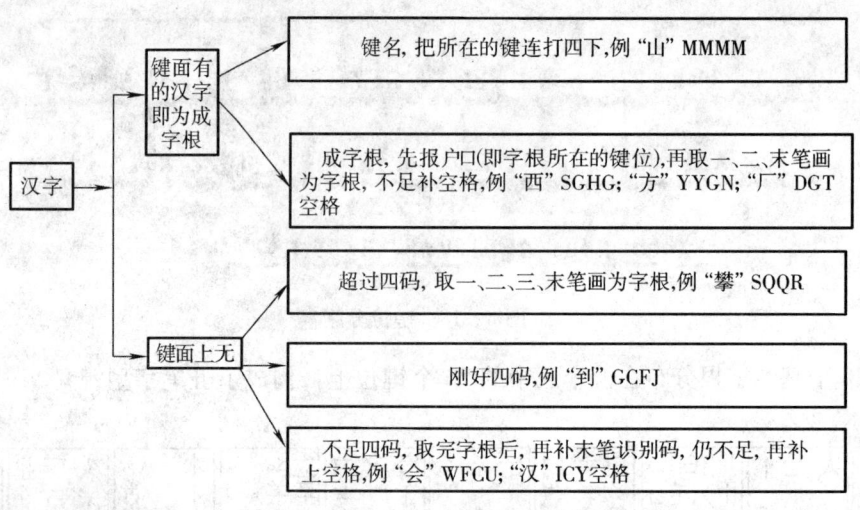

图 3—20 编码流程

代表，叫做键名，如表 3—5 所示。键名的输入只需要连续打四下该键，例如"王"是 F 键的键名，它的编码为 FFFF。

表 3—5　　　　　　　　　　　　键名字表

| Q金 | W人 | E月 | R白 | T禾 | Y言 | U立 | I水 | O火 | P之 |
|---|---|---|---|---|---|---|---|---|---|
| A工 | S木 | D大 | F土 | G王 | H目 | J日 | K口 | L田 | |
| | X纟 | C又 | V女 | B子 | N已 | M山 | | | |

成字根的输入：键名代码＋首笔代码＋次笔代码＋末笔代码。输入成字根时，应首先在它所在的键击一下（俗称"报户口"），然后再依次按它的第一个笔画、第二个笔画和最末一个笔画所在的键。如果该字根只有两个笔画，则以空格键结束。

如：西——西一丨一（SGHG）

　　厂——厂一丿空格（DGT）

键面上无的字输入方法：

四个或四个以上字根的字的输入：第一字根＋第二字根＋第三字根＋最末字根。

如：攀——SQQR

　　到——GCFJ

不足四个字根的字的输入：依次拆出其字根后，最后补充一个交叉识别码，如还不足再补上空格。

末笔识别码：根据字型的代号，根据末笔的代号，结合起来组成区位号对应于某个键位，例如：

"识"，根据字根只能编出三个码 YKW，"识"最后一笔为"丶"，"丶"即为捺，代号为 4，字型为左右型，左右型的代号为 1，结合起来为区位号 41，对应于键位 Y 即是它的末笔识别码，凑足四个码 YKWY。

"刁"，根据字根只能编出两个码 NG，最后一笔为"㇀"，"㇀"即为横，代号为 1，字型为杂合型，杂合型的代号为 3，结合起来为区位号 13，对应于键位 D 即是它的末笔识别码，其编码为 NGD。

"个"，根据字根只能编出两个码 WH，再加上一个末笔识别码 J。

**末笔的识别要注意**：包围型汉字，规定取被包围部分的末笔为最后一笔。例："国"末笔为、，"连"为丨，"远"为乙。当"九、力、匕、刀"这些字根参加末笔识别时，规定用折笔作为末笔，例，"花"的末笔为折。

(4) 词组输入

五笔词组输入也是五笔之所以速度快的因素之一。一个词组编码均为四个码。

两字词组，每个汉字各取前两个字根组合成四个码，例：

"词组"YNXE

"成果"DNJS

三字词组，第 1、2、3 码各取自于三个字的第一个字根，第 4 码取最后一个字的第二个字根，例：

"办公室"LWPG

四字词组，每个字各取第一个字根组合四个码，例：

"社会主义"PWYY

"信息处理"WTTG

超过四个字的词组，第 1、2、3 码取前三个字的第一个字根，第 4 码取最后一个汉字的第一个字根，例：

"中华人民共和国"KWWL

(5) 简码

简码是五笔之所以速度快的另一个重要因素。

一级简码：把最常用的汉字分布在 25 个字母键位上，如表 3—6 所示。输入它们只需要敲一下该键＋空格键。

表 3—6　　　　　　　　　　　一级简码

| Q我 | W人 | E有 | R的 | T和 | Y主 | U产 | I不 | O为 | P这 |
|---|---|---|---|---|---|---|---|---|---|
| A工 | S要 | D在 | F地 | G一 | H上 | J是 | K中 | L国 | |
| | X经 | C以 | V发 | B了 | N民 | M同 | | | |

二级简码：取单字全码的前两个字根代码。输入方法：第一字根＋第二字根＋空格键。600 左右常用汉字有二级简码，只需要打出它的前两个码就可以，例：

"就"YI

三级简码：取单字全码的前三个字根代码。输入方法：第一字根＋第二字根＋第三字根＋空格键。

4 000 多个比较常用的字有三级简码。

一级简码的汉字去强记，二级简码有些汉字可以在使用过程中逐渐熟悉。

(6) 五笔字型中汉字的拆分原则

单字根汉字，基本字根本身就是一个汉字，不用再拆分，编码方案有单独规定，例如：王，木。

散结构汉字，组成汉字的字根间保持一定距离，各部分相对独立，拆分时只需简单地将字根独立出来进行编码,散的关系一般属于左右型或是上下型,例如:江、吕。

连结构汉字,拆分成单笔画与基本字根。注意"连"不是指字根相连关系,如:充,首,右等都不作连的关系,这里所指的连是下面两种情况:一个基本字根与一个单笔画相连,如:自,久;带点结构,规定:一个基本字根之前或之后的孤立点,看成是与基本字根相连,如:术,太,勺。连的关系组成的汉字均为杂合型。

交叉结构或交连混合结构,字根交叉重叠,字根间没有距离,如:串,里,夷。交的关系组成的汉字均为杂合型。

了解以上单散连交,拆字的时候,应该把该字尽量按散的字根关系来拆;不行,则按连的关系;再不行,只好按交的关系。例,"午"能拆成散的关系,就不要拆成"丿干"连的关系;"于"能拆成"一十"连的关系,就不要拆成"二丨"交的关系。

在各种可能的拆法中,保证按书写顺序每次都拆出尽可能大的字根,即在可能有的几种拆法中,以拆出的字根数最少的那种拆法优先。

成千上万个汉字,基本按拆字编码的普通规则和小学所学的字的结构笔顺,但是也有一些特殊情况要特殊对待。五种单笔也是四个码:1、2 码是所在的键位,3、4 码为 L,例如,丿:TTLL;乙:NNLL。

(7) 重码和 Z 键的作用

五笔字型能做到基本上字与码的一一对应,这是它输入速度快的最重要的因素,但也有例外,如:"支、去、云"重码 FCU,"雨、寸"重码 FGHY。

当输入有重码时,重码的字会同时出现在屏幕的"提示行"中,如所要的字在第一个位置时,可以输入下文,该字即可自动到光标所在的位置上;如果不是则可使用数字键挑选所要的字到屏幕上。

Z 键的作用,26 个字母键用了 25 个为字根键位,Z 键上面没有安排字根,它的作用是起万能码,即在拆字的时候不知道该字的某个字根如何来取,或是忘记某个字根所在的键位,则可以用 Z 来代替,只不过这样会出现重码现象,根据重码所给出的一系列字来选择所需要的字,例如,在输入"序"时,只会编出前两个码,后面不知道如何来编,可以用 YCZ 来代替,将会出现"弃、序、育、译……"等字,再从中选择所需要的"序"。

## 操作技能训练

1. 基本键位"ASDF"及"JKL;"的练习。

Ffff    jjjj    dddd    kkkk    ssss    llll    aaaa    ;;;
Jjjj    ffff    kkkk    dddd    llll    ssss    ;;;;    aaaa
Adjl    sfk;    adjl    sfk;    adjl    sfk;    adjl    sfk;
Sfad    jlk;    Sfad    jlk;    sfad    jlk;    sfad    jlk;
Dflk    fak;    dflk    fsk;    dflk    fak;    dflk    fdk;

2. 进行键位"GTBRV"及"HYNUM"练习。
3. 进行键位"EC"及"I,","WX"及"O.","QZ"及"P/"的练习。
4. 进行大小写英文输入转换练习。

5. 在不同输入法之间怎样进行切换？
6. 全角西文字符与半角西文字符有何区别？
7. 使用打字练习输入软件进行输入操作。

# 第四单元 使用 Word 软件编辑文档

Word 文字处理软件是 Microsoft 公司的产品，集文字处理、表格计算和简单的图形加工于一身，具有操作简单、功能较强大的特点，可以进行各类文档的编辑。本单元以 Word 2003 为基准，学习文字处理软件的应用。

## 模块一 文档基本操作

**学习目标**
1. 掌握 Word 的启动和退出方法。
2. 了解 Word 窗口的组成。
3. 掌握视图的种类。
4. 掌握文件的基本操作。

### 一、认识 Word 2003
**1. Word 2003 的启动和退出**
（1）Word 2003 的启动

Word 2003 的启动方法有多种，常用的方法有：

从"开始"菜单启动，选择"开始/程序/Microsoft Office Word 2003"菜单命令，即可启动 Word 应用程序。

通过快捷方式启动，如果桌面上建立了 Word 2003 的快捷方式，双击快捷方式的图标就可启动 Word 2003。

通过已有的文档启动，选择"开始/文档"选项中的 Word 文档，系统会自动启动 Word 应用程序，并打开相应的文档。也可以通过桌面或资源管理器，找到文件夹中的 Word 文档，双击图标，即可打开 Word 应用程序。

（2）关闭或退出 Word 2003

关闭或退出 Word 2003 的方法如下。

关闭 Word 2003 文档的方法：
1）单击窗口右上角的"关闭窗口"按钮×。
2）选择"文件/关闭"命令。
3）用鼠标单击左上角控制菜单中的关闭命令（或使用 Alt＋F4）。

关闭 Word 2003 程序的方法：
1）单击窗口右上角的"关闭"按钮×。

2）选择"文件/退出"命令。
3）双击窗口左上角的窗口控制菜单图标 。

**2. Word 2003 的窗口组成**

Word 2003 启动之后，其窗口如图 4—1 所示。

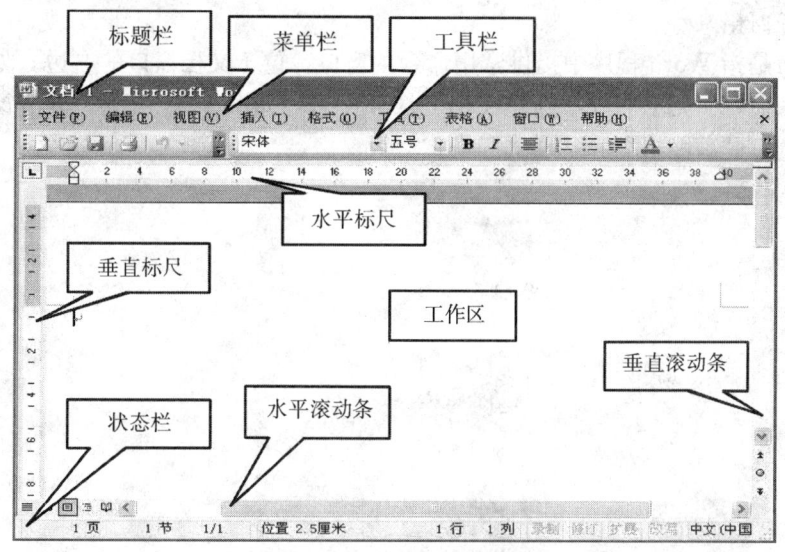

图 4—1　word 2003 的工作窗口

Word 窗口主要包括 6 个部分：

（1）标题栏

标题栏位于 Word 2003 窗口顶部，标明文档的名称。右上角是 Windows 的标准按钮，使用这些按钮，可以实现窗口的最小化、最大化（还原）和关闭。

（2）菜单栏

菜单栏位于标题栏下方，提供了 9 个菜单，其中包含了 Word 2003 中可以使用的所有命令。

**注意**：如果菜单中有 标记，表示菜单折叠，将鼠标放在该标记上，菜单就会展开，命令全部显示出来。

（3）工具栏

工具栏位于菜单栏下方，由一系列的工具按钮组成。包括"常用"工具栏和"格式"工具栏。当鼠标指针指向工具栏的按钮并稍停留，会显示出该按钮的名称或功能提示，单击按钮，即可执行相应的操作。

（4）文档工作区

Word 主窗口中央的空白区域称为文档工作区也叫文档窗口。文档的输入和编辑等操作均在该窗口中完成。由编辑区、标尺（水平标尺和垂直标尺）、滚动条（水平滚动条和垂直滚动条）和视图按钮组成。

标尺为设置制表符、文本缩进等操作提供方便。使用标尺，可以快速调整段落的编排，改变页边距的设置。选择"视图/标尺"菜单命令，可以打开和关闭标尺的显示。滚动条可以方便查看文档。视图按钮包括普通按钮、Web 版式视图、页面视图、大纲视图和阅读版式五个按钮。

(5) 状态栏

状态栏位于窗口的底部，显示出当前编辑的状态，如页数、光标的位置、输入法的状态。

(6) 任务窗格

任务窗格是指 Word 程序中提供常用命令的窗口。位于文档窗口的右边。如果执行"文件"、"新建"命令，则会打开"新建文档"任务窗格，如图 4—2 所示。单击窗格的三角按钮，可以看到有"剪贴板"和"样式和格式"等窗格。

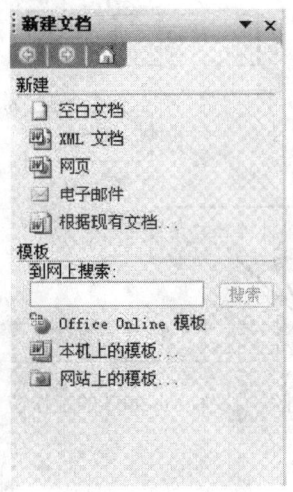

图 4—2　打开任务窗格

**3. 文档视图模式**

Word 提供了几种不同的文档显示模式，称为视图。它是为适应编辑、格式设置和组织等操作需要而提供的。Word 2003 视图种类包括普通视图、页面视图、Web 版式视图、大纲视图和阅读版式。用户可以根据不同需要选择适合自己的视图方式来显示和编辑文档。

**注意**：文档视图模式的改变不会对文档本身做任何修改。

(1) 普通视图

普通视图，适用于文本的录入和编辑。另外，一些简单的排版操作也可以在普通视图模式下进行。在普通视图下，页面和节的分隔通过虚线标出（分页标记），看不出页边距的大小。字符和段落的显示与打印效果相同。如果需要删除空白页，可以在普通视图下删除分页标记。

(2) Web 版式视图

显示文档如网页的效果，此时，将看到着色的背景，文档显示为没有分页的连续页面。

(3) 页面视图

页面视图是 Word 默认的视图，就是使文档在屏幕上看上去就像在纸上一样。在普通视图下见到的分页符，在页面视图下就成了两张不同的纸了。页面视图适合于进行图表操作和一些排版操作，如分栏、页眉和页脚、页边距、分页符等，能够得到打印的真实效果。

(4) 大纲视图

大纲视图方式特别适合于较多层次的文档，如报告文体和章节排版等。大纲视图将所有的标题分级显示出来，层次分明。在大纲视图模式下，可以通过标题的操作，改变文档的层次结构。其中有三种附加符号帮助用户了解和组织文档：

每一段文本内容前都有一小方框（□），用以区分不同段落以及区分文本和标题。

在有些标题前有"＋"号，表示该标题下还存在着文本内容或子标题。

在有些标题前是"—"号，表示该标题下既无子标题又无文本内容。

（5）阅读版式

阅读版式专门用于方便用户阅读文档内容。在该视图中，除了文本内容，其他信息都不显示出来，如页眉、页脚、页面边框等信息。而且显示的文字比较大，很方便阅读。

**注意：** 视图的切换可以单击左下角的视图按钮，也可以选择"视图"菜单命令完成操作。

## 二、文档的基本操作

**1. 新建文档**

正常启动 Word 2003 之后，默认会新建一个名为"文档1"的空白文档，Word 文档的文件扩展名为 doc。新建文档的操作方法：

（1）菜单方式

选择"文件/新建"，在右侧弹出的任务窗格中，选择空白文档即可。

（2）按钮方式

单击"常用"工具栏的 按钮，直接就可以建立一个空白文档。

**2. 保存文档**

新建的文档要进行保存，通过文档保存功能将该文档进行永久性保存。选择"文件/保存"，或单击"常用"工具栏的 按钮，会弹出一个对话框，如图4—3所示。

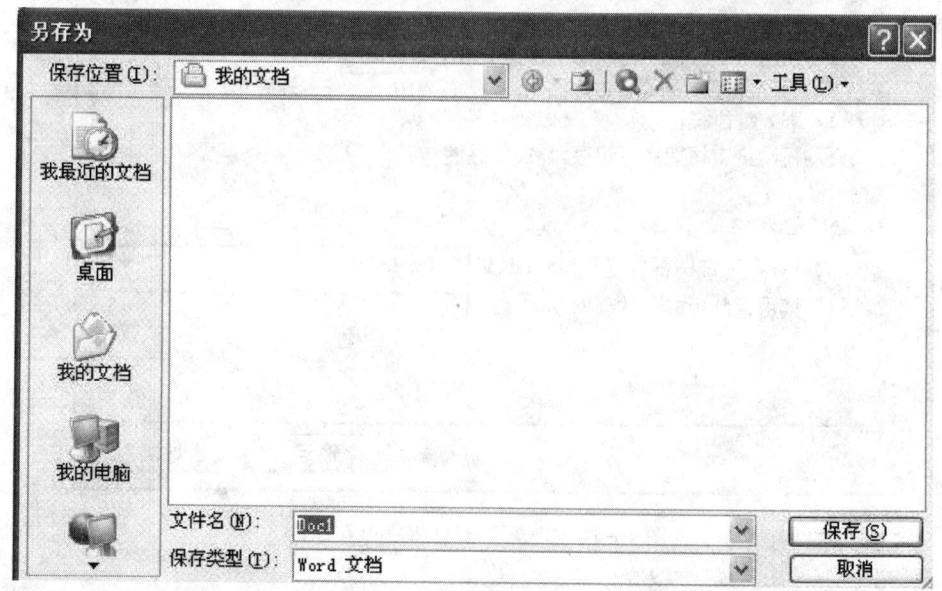

图4—3 "另存为"对话框

单击对话框的"保存位置"右侧的三角按钮，选择文档的保存路径，在"文件名"右侧输入与编辑内容有关的文件名,保存类型为默认的"Word 文档"。单击右侧的"保存"按钮,即可保存新建的文档。当编辑好一份文件时,也可以根据上面的方法直接保存该文档。

**注意**:保存后的文件会自动更新标题栏上的文件名称。建立文档的过程中,随时保存文件,避免系统断电或机器故障造成文件的丢失。

如果希望保留一份文档修改前的副本时,可以选择"文件/另存为"命令。打开图"另存为"对话框,此时文件的保存位置是当前文件的保存路径。可以选择其他的磁盘或文件夹,重新命名,如将"D:\lyx\book\计算机操作技能训练",另存为"E:\book\计算机操作技能训练副本",当前打开的文件就是"计算机操作技能训练副本"。

**注意**:同一个文件夹下不能有相同名字的文件。

Word 2003 提供了文件的自动保存功能。选择"工具/选项"命令,在弹出的对话框中选择"保存"标签,如图 4—4 所示,选择"允许后台保存"和"自动保存时间间隔"复选框,并在右侧的数值框内输入时间或用右侧微调按钮调整时间间隔,单击"确定"按钮,自动保存就设置好了。文件在编辑的过程中,就会自动进行保存,防止因为忘记保存文件而造成文档的部分内容丢失。

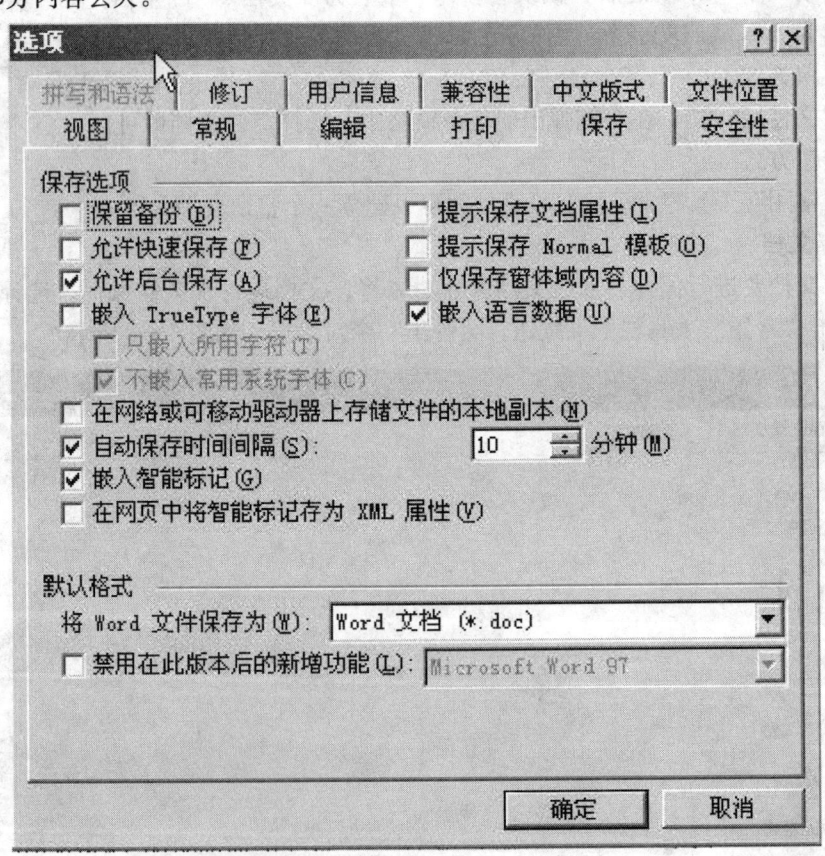

图 4—4 "选项"对话框—保存标签

### 3. 打开文档

保存在电脑中的文件,可以打开重新编辑,修改。选择"文件/打开"菜单命令,或者单击"常用"工具栏的 按钮,出现"打开"对话框,在"查找范围"下拉列表中选择文件所在的路径及文件,如图 4—5 所示,单击右侧的"打开"按钮,即可打开一个文件。

**注意:** 双击要打开的文档,也可以打开该文件。

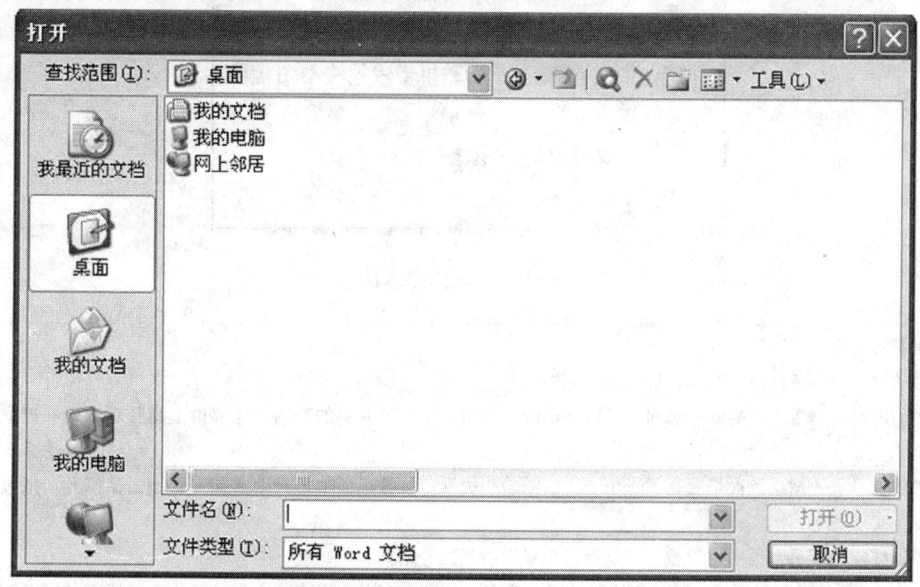

图 4—5 "打开"对话框

## 模块二 文档编辑与排版

**学习目标**

1. 掌握文本的编辑操作。
2. 掌握字符的格式化设置。
3. 掌握段落格式化设置。
4. 掌握边框和底纹的设置。
5. 掌握特殊格式的使用。

### 一、文档的基本编辑

**1. 输入和选择文本**

新建一个空白文档后,就可以输入文本内容。文档编辑区中闪烁的光标表示当前文本输入的位置。

(1) 新建空白文档,保存为"通知.doc"。

(2) 选择输入法,如图 4—6 所示,如选择"智能 ABC"输入法,便可以在文件窗口中输入文本。

**注意:** 中、英文输入法切换按 Ctrl+Space;中文输入法之间进行切换按 Ctrl+Shift;全角和半角的切换按 Shift+Space;中、英文标点符号的切换按 Ctrl+.。

(3) 在文档窗口中输入以下内容,如图 4—7 所示。

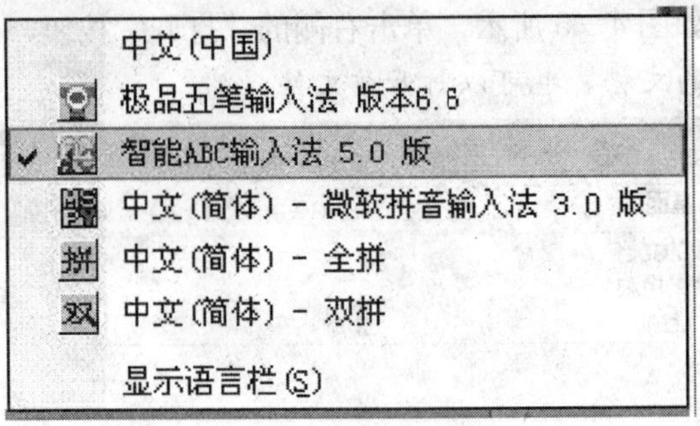

图 4—6 选择输入法

嫦娥卫星发射直击：奔向梦的起点

多么熟悉的数字——"5、4、3、2、1，点火！"

多么熟悉的声音——轰鸣骤响的一瞬间，只闻鸟语的大凉山成了天地共鸣的音箱，任那世上最壮观的乐器把最激越的旋律奏响。

多么熟悉的场景——橘红色火焰映亮了青山，火箭乘着烈火乘着风扶摇而上，把薄雾撕开，把云朵撕开，把天幕撕开……

在几乎难以察觉的零星细雨中，嫦娥二号从西昌卫星发射场二号塔架起飞。

3年前，中国首颗探月卫星嫦娥一号是以这样的姿态升空的；半个多世纪以来，人类送往太空的所有"使者"也是以这样的姿态升空的。但，在航天人眼里，每次发射都是那样新鲜。自从2008年2月探月二期工程立项以来，参与嫦娥二号任务的科研人员，谁未曾畅想过这美妙的一刻？

……

图 4—7 输入文本内容

## 2. 编辑文本

输入的文本内容，经常会出现错字、多字、漏字等现象，要进行各种操作，如移动、复制、删除等，首先需要先选定将被操作的文本，同时也要根据不同的编辑要求来移动光标。

（1）选定文本：常用的鼠标或键盘操作，见表4—1。

表 4—1　　　　　　　　　　选定文本

| 选定内容 | 操　作 |
| --- | --- |
| 图形 | 单击 |
| 一个句子 | 在该句上双击，或按住 Ctrl 键，单击该句任意位置 |
| 一行文本 | 单击该行左边的选定栏 |
| 多行文本 | 在行左边的选定栏中选中一行后拖动鼠标指针 |
| 一个段落 | 双击该段落左边的选定栏，或三击段落中的任意位置 |
| 整个文档 | 三击选定栏或按 Ctrl+A |

使用鼠标执行选定一行，如图 4—8 所示。

**注意：**如果要取消文本的选定，单击选定文档内容之外的地方；或按任意的光标控制键，如箭头等。

图 4—8 用选定栏选取整行

移动光标常用的方法，见表4—2。

表4—2　　　　　　　　　　　移动光标的操作

| 方向键 ←→ ↑ ↓ | 将光标向左、右、上、下移动 |
|---|---|
| Home 键 | 将光标移向一行的开始 |
| End 键 | 将光标移向一行的末尾 |
| PageUp 键 | 将光标移到上一页 |
| PageDown 键 | 将光标移到下一页 |
| Ctrl＋Home 键 | 将光标移到整个文档的开始 |
| Ctrl＋End 键 | 将光标移到整个文档的结尾 |

（2）删除文本：将光标在文档中移动，用鼠标选中要删除的文字，按 Del 键，可将其删除。

**注意**：删除插入点前面的字符，按 Backspace 键；删除插入点后面的字符，按 Del 键。

恢复删除：如果发生误操作，可以通过"撤消"操作将删除的内容恢复。方法是：选择"编辑/撤消"命令，或单击"常用"工具栏上的"撤消"按钮，如图4—9所示。

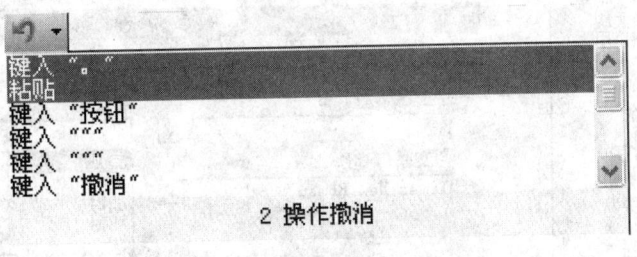

图4—9　操作撤消

**注意**：使用键盘快捷键 Ctrl＋Z，进行撤消操作；使用键盘快捷键 Ctrl＋Y，完成恢复操作。

（3）移动或复制文本：选中文本，用鼠标拖到合适位置，可以移动文本；如果移动的同时，按住 Ctrl 键，则可将选定的文本复制到新的位置，这种操作方式只能在一个文档中使用。

（4）剪贴板：Word 2003 中新增加的 Office 剪贴板，设有24个子剪贴板，可以同时存放达24项剪切或复制的内容。利用它的这个功能，可以先收集多项要移动的内容，然后同时进行粘贴。

**注意**：如果存放在剪贴板中的内容已经达到24项，再添加新内容时，它会将复制内容添加至最后一项，并清除第一项，用户可以选择是否继续复制。

打开剪贴板：选择"编辑/Office 剪贴板"，打开"剪贴板"窗格，如图4—10所示。

**注意**：剪切的快捷键是 Crtl＋X；复制的快捷键是 Crtl＋C；粘贴的快捷键是 Crtl＋V。

输入文档时，如果有大块的文本重复出现，可以用复制、粘贴操作，来减少输入的工作量。

## 二、字符格式化

字符是指字母、空格、标点符号、数字、汉字和其他字符（如 &，@，＃）等。默认情况下，汉字缺省的字体为宋体，其他字符的预设字体为 Time New Roman，字号均为五号。

**注意：** 在中文 Word 2003 中可以使用的字体类型取决于在 Windows 系统中安装的字体。

编辑文本的过程中，如果能选择适当的字符格式，可以使整个文档显得灵活多变，个性突出，根据文章的内容及要求可以设置不同的字形、字体、字号。

**1. 设置或修改字体**

首先选定要设置或修改的文本，选择"格式/字体"菜单命令，弹出"字体"对话框，如图 4—11 所示。

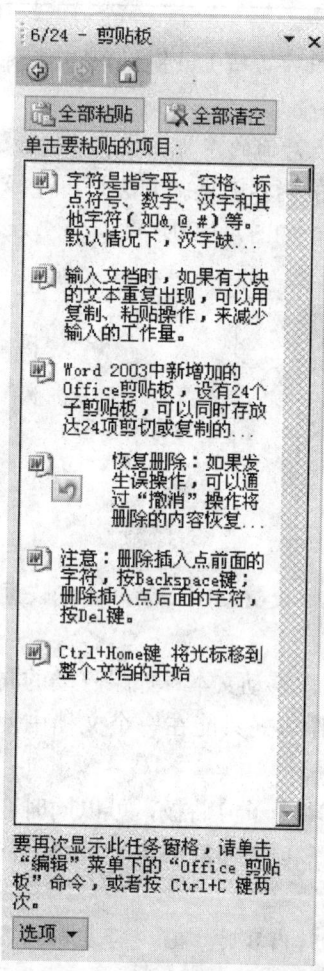
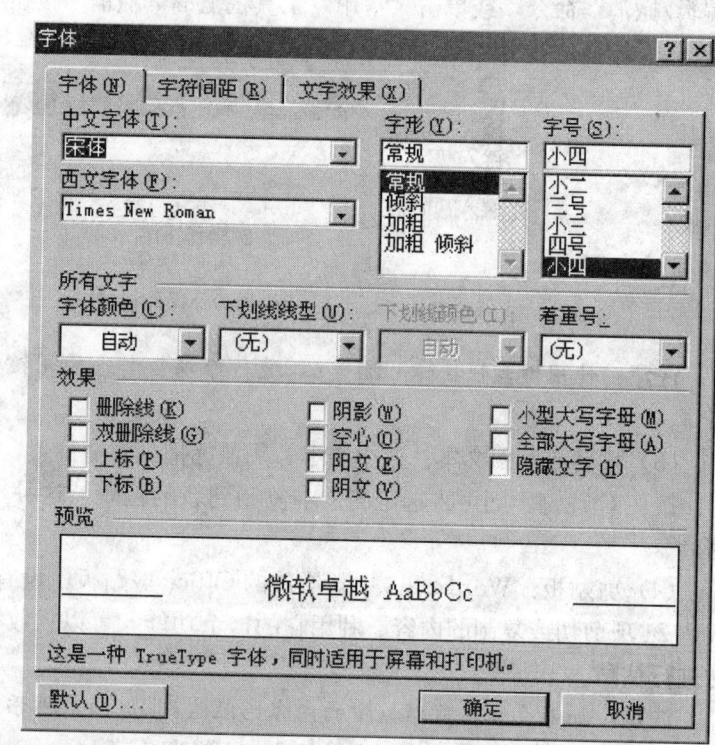

图 4—10  剪贴板窗格　　　　　　图 4—11  "字体"对话框

（1）设置字体

单击"中文字体"右侧的三角按钮，在弹出的下拉列表中选择一种中文字体的名称。

（2）设置字形

在字形选项中，选择一种修饰方法，默认为"常规"；字形选项中主要包括常规、倾斜、加粗、加粗倾斜。

(3) 设置字号

在字号选项中，设置字符的大小，拖动滚动条进行选择，或者直接输入字号。

**注意**：在中文 Word 2003 中字号采用"号"和"磅"两种度量单位。"号"为中国的习惯用法，以"号"为单位，前面的数值越小，文字就越大；"磅"为西方的习惯用法，以"磅"为单位，数值越小文字也就越小。

(4) 设置字体效果

为了在文档中区分某些特殊部分、强调重点内容，可以增加文字的特殊效果，如下划线、着重号或者改变字体的颜色等。

设置好的字体在"预览"区域中可以看到效果，如果合适，点击"确定"按钮即可完成设置。

例如，设置文档"嫦娥卫星发射直击：奔向梦的起点"，如图 4—12 所示。

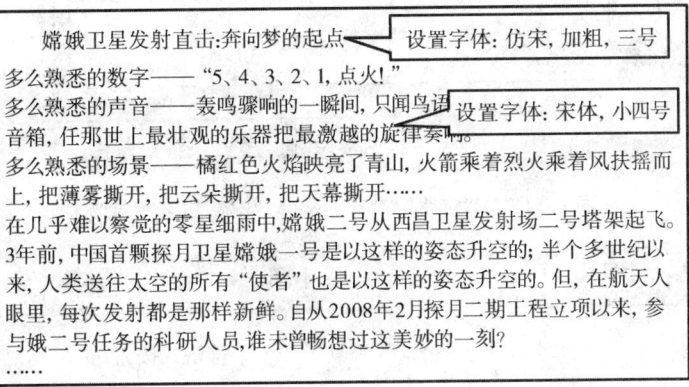

图 4—12  设置字体后的文本

## 2. 设置字符间距

字间距是指相邻两个字符之间的距离，它的单位值用磅来表示。设置字间距的操作步骤如下：

(1) 选中要操作的文字。

(2) 选择"格式/字体…"命令，弹出"字体"对话框。

(3) 单击"字符间距"选项卡，显示如图 4—13 所示的对话框。

(4) 单击"间距"后的下拉式按钮，从弹出的列表中选择调整字距的方式，然后在"磅值"后的文本框中输入调整值。也可以单击微调按钮，增加或减小字间距的数值。

(5) 单击"确定"按钮，完成操作。

**注意**：为了美化版面，可以在"字体"对话框的"字符间距"标签中更改字符与字符的间距及位置等，在"文字效果"标签中，可以设置文字的动态效果。动态效果只能显示不能打印。

字体的设置也可以通过"格式"工具栏进行设置，如图 4—14 所示。

## 三、段落格式化

在 Word 文档中段落是指两个段落标记之间的部分，在段落中可以包含文本，图形、表格和其他项目。段落的格式设置包括文字的对齐方式、缩进、行距、段落间距等。

如果要对一个段落进行排版，只要将光标移到该段落的任何位置即可，Word 的段落排

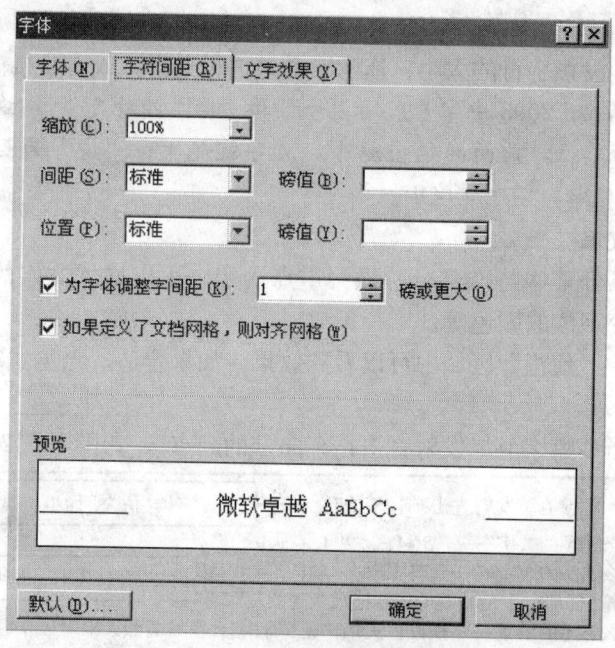

图4—13 "字体"对话框中的"字符间距"选项

图4—14 "格式"工具栏——字符格式按钮

版命令适用于整个段落。选择"格式/段落"菜单命令,弹出"段落"对话框,如图4—15所示。

图4—15 "段落"对话框

**1. 设置对齐方式**

段落的对齐方式主要有左对齐、右对齐、居中对齐、两端对齐和分散对齐五种，这些对齐方式决定了段落的外观。系统默认的对齐方式是两端对齐。单击对齐方式右侧的下拉按钮，选择一种对齐方式；不同的段落对齐方式含义如表4—3所示。

表4—3　　　　　　　　　　　　　不同段落对齐方式

| 格式名称 | 作用 |
| --- | --- |
| 左对齐 | 段落以页面左边界对齐，此时段落右边缘可能不齐 |
| 居中 | 段落以页面中间位置对齐，常用于标题等 |
| 右对齐 | 段落以页面右边界对齐，此时段落左边缘可能不齐 |
| 两端对齐 | 段落以页面左右边界对齐，符合正常的排版习惯 |
| 分散对齐 | 段落各行分别以页面左、右边界对齐，如果某行不是整行，则增加字距使其凑整行 |

**2. 设置段落缩进**

段落缩进用于控制文档正文与页边距之间的距离，包括左缩进、右缩进、首行缩进和悬挂缩进四种。其中左、右缩进是指段落的左、右边界相对于页边距的缩进；首行缩进是指段落的第一行相对于段落的左边界缩进；悬挂缩进是指段落的首行不缩进，其他行相对于首行缩进。

在"段落"对话框中，选择在"缩进"栏的"左"或"右"框中分别输入需要的缩进值；在"特殊格式"下拉列表中选择缩进的类型，在"度量值"框中输入具体的缩进值即可。

拖动水平标尺上的缩进标志，如图4—16所示，可以快速、方便地设置段落的缩进。

**注意**：拖动左缩进标志时，首行缩进和悬挂缩进将一起移动；拖动悬挂缩进标志时，左缩进标志将一起移动，而首行缩进标志不动。

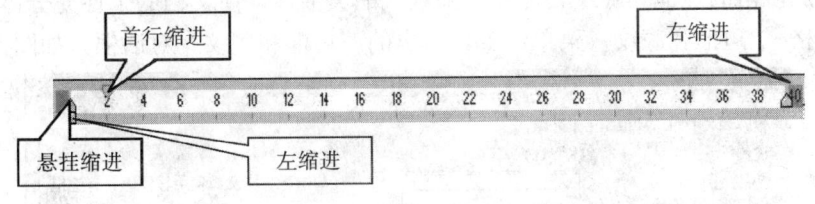

图4—16　水平标尺

通常文章的每一段落开头都要缩进两格，文本缩进的目的是使文档的段落显得更加条理清晰，更便于读者阅读。

**3. 设置行间距和段落间距**

行间距是指一个段落内行与行之间的距离。在Word 2003中默认的行间距是单倍行距。段间距是指相邻两段间的间隔距离，段间距包括段前间距和段后间距两种。段前间距是指段落上方的间距量；段后间距是指段落下方的间距量，因此两段间的段间距应该是前一个段落的段后间距与后一个段落的段前间距之和。在文档编辑中，为了使文档更有层次感，通常要设置段落间距和行间距。

**注意**：行间距的具体值的多少是根据字体的大小来决定的。

在"段落"对话框中，选择"间距"选项区域，设置需要的段前或段后距离，可以通过微调按钮进行调整；在"行距"下拉列表框里选择合适的行距。如果选择的是"固定值"或者"最小值"，可以在"设置值"微调框中输入行距的具体数值。

文档"嫦娥卫星发射直击：奔向梦的起点"设置段落格式后如图4—17所示。

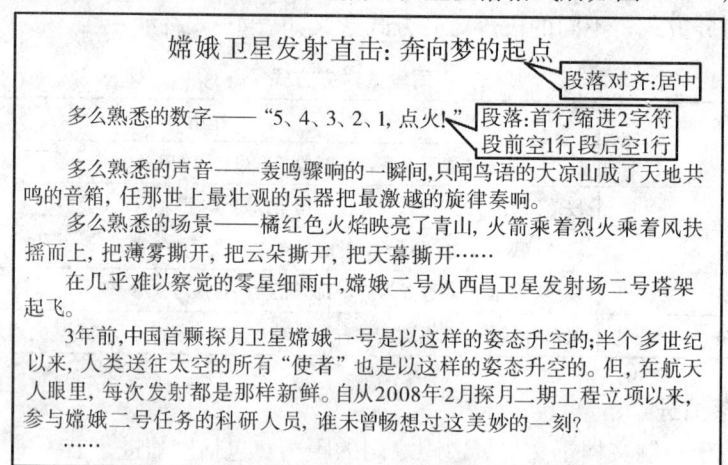

图4—17　设置段落格式后的文档

段落的格式设置可以通过"格式"工具栏进行设置，"格式"工具栏的段落设置按钮如图4—18所示。

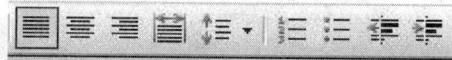

图4—18　"格式"工具栏段落设置按钮

### 四、边框和底纹

通过增加段落的边框和底纹，可以增加版式的灵活性，使文档的个性充分体现。

选择"格式/边框和底纹"菜单命令，弹出的"边框和底纹"对话框，如图4—19所示。

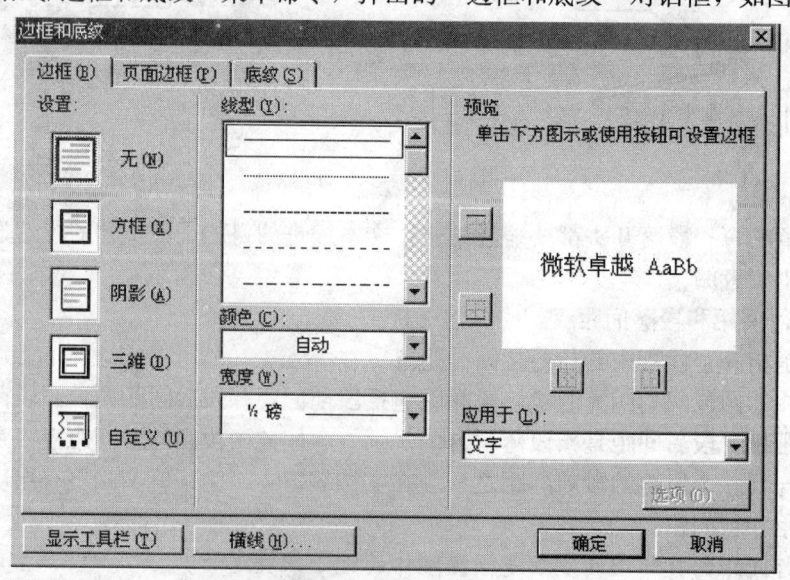

图4—19　"边框和底纹"对话框

**1. 添加边框**

在"设置"选项区里面选择一种边框的样式,在"线型"、"颜色"、"宽度"下拉列表框中设置边框的属性,选择"应用于"区域中的下拉列表中"段落"选项。

**2. 添加底纹**

添加底纹是指设置页面或某些字段的背景效果。选择"边框和底纹"对话框中的"底纹"标签,在"填充"选项区的调色板里选择某种颜色,可以对段落底纹进行颜色填充。

例如,给文档"嫦娥卫星发射直击:奔向梦的起点"的第二段加上边框和底纹效果,如图4—20所示。

> 多么熟悉的声音——轰鸣骤响的一瞬间,只闻鸟语的大凉山成了天地共鸣的音箱,任那世上最壮观的乐器把最激越的旋律奏响。

图4—20 为段落添加边框和底纹

### 五、特殊格式的使用

**1. 项目编号和符号**

项目编号和列表可使文档条理清楚和重点突出,提高文档编辑速度。为段落添加符号或编号,首先要选定段落,然后选择"格式/项目符号和编号"菜单命令,弹出"项目符号和编号"的对话框,如图4—21所示,在项目符号或编号选项卡内选择满意的符号或编号。

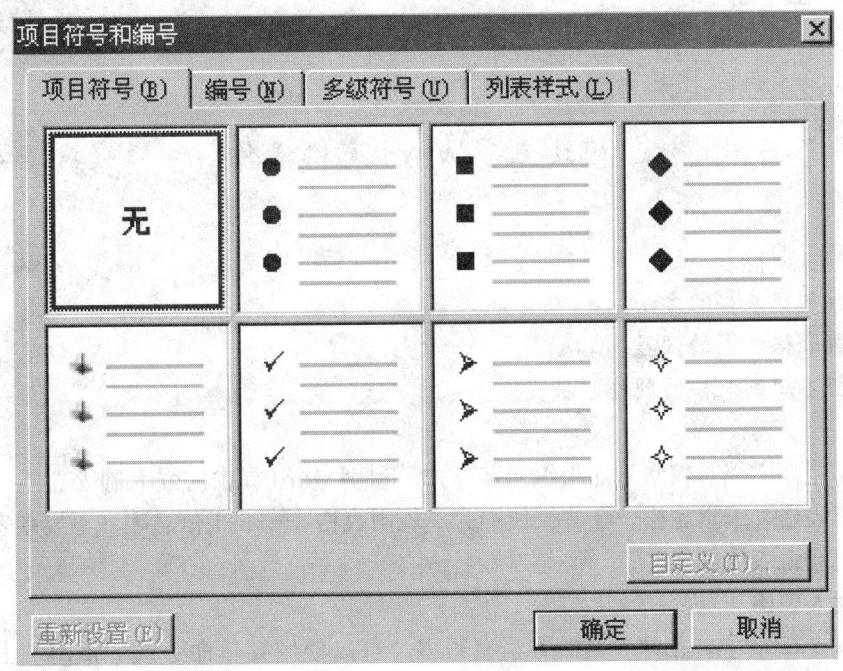

图4—21 "项目符号和编号"对话框

**注意**:添加项目符号和编号可以单击"格式"工具栏的 和 按钮。

**2. 首字下沉**

在报刊上经常看到首字下沉的排版格式,首字下沉起到醒目、美化版面的作用。

选中需要首字下沉的段落,把光标移动到该段落中即可。选择"格式/首字下沉"菜单命令，弹出"首字下沉"对话框，如图4—22所示。在对话框"位置"选项区中，有三个样式选择；在"字体"下拉列表中，可以选择要下沉字符的字体；在"下沉行数"微调中输入要下沉的行数，在"距正文"微调框中选择首字符到正文的距离。选择"确定"按钮，即可完成设置。

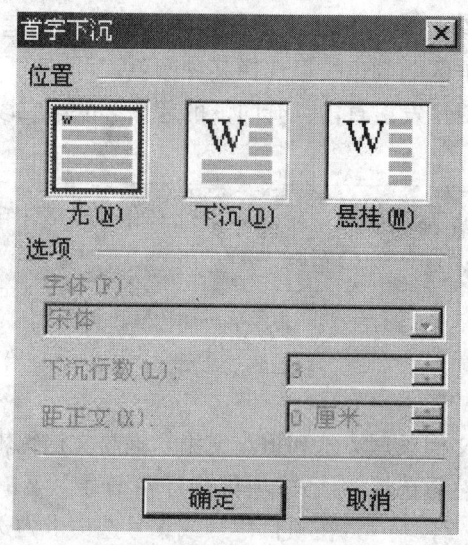

图4—22 "首字下沉"对话框

## 模块三 Word 表格操作

**学习目标**
1. 掌握创建表格的方法。
2. 掌握表格格式的设置。
3. 掌握不规则表格的制作方法。

表格是制作文档时较常见的组织文字形式。利用 word 提供的强大制表功能，用户可以方便地创建表格、编辑表格。在本模块中完成规则表格——职工信息表和不规则表格——招聘人员报名登记表的创建。

**一、插入表格**

在 Word 2003 中，创建表格的方法有很多，可以使用菜单命令或"常用"工具栏的插入表格按钮创建规则的表格。

在 Word 2003 中创建表格的操作步骤如下：

（1）将插入点放在要插入表格的位置。

（2）确定要创建的表格行数和列数。例如在"职工信息表"中包括序号、姓名、性别、年龄、学历、家庭住址、联系电话等，员工人数8人，则插入的表格行数为9行，列数为7列。

(3) 选择"表格/插入/表格"菜单命令,弹出"插入表格"对话框,如图 4—23 所示。在列数文本输入处,输入 7;在行数文本输入处,输入 9,单击"确定"按钮,插入表格,如图 4—24 所示。

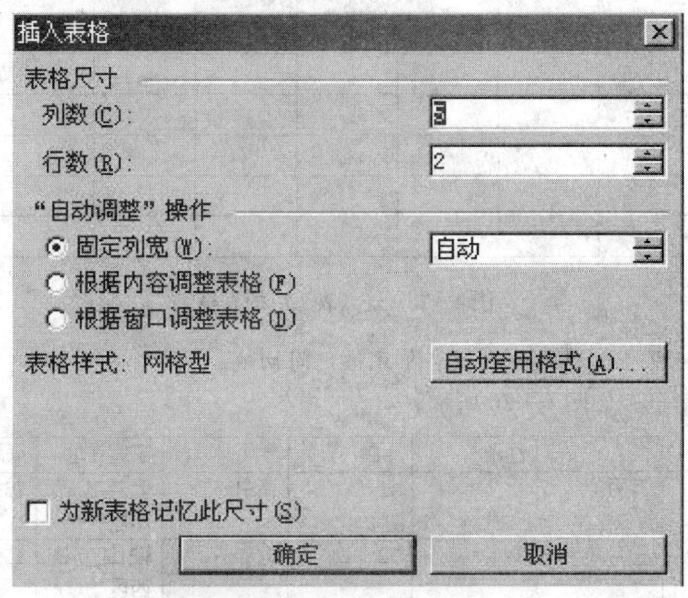

图 4—23　"插入表格"对话框

图 4—24　插入好的表格

## 二、输入文本

表格是 Word 文档显示信息的一种方式,因此文字、数据、图片等均可在表格中体现。

Word 表格一般是由横线和竖线交叉的行和列组成,由行和列相交的方格称为单元格。单元格的大小可以调整,每一个单元格都可以输入正文和图形,也可以设置各种格式。

如果要在表格中输入文本,首先将插入点放在该单元格中,然后输入文本。用鼠标在第一个单元格上单击,当光标变成竖线时,即可在单元格上输入文字。如先输入"职工信息表"表头的内容,如图 4--25 所示。

| 序号 | 姓名 | 性别 | 年龄 | 学历 | 家庭住址 | 联系电话 |
|------|------|------|------|------|----------|----------|
|      |      |      |      |      |          |          |
|      |      |      |      |      |          |          |
|      |      |      |      |      |          |          |
|      |      |      |      |      |          |          |
|      |      |      |      |      |          |          |
|      |      |      |      |      |          |          |
|      |      |      |      |      |          |          |

图4—25 输入表头后的表格

**注意**：可以使用 Tab 键或方向键在单元格之间切换。

输入职工的信息，如图4—26所示。

| 序号 | 姓名 | 性别 | 年龄 | 学历 | 家庭住址 | 联系电话 |
|------|------|------|------|------|----------|----------|
| 1 | 齐丽华 | 女 | 41 | 高中 | 大连市西岗区***** | 13******** |
| 2 | 王 华 | 女 | 32 | 大专 | 鞍山市铁西区***** | 13******** |
| 3 | 刘 帅 | 男 | 27 | 本科 | 沈阳市东陵区***** | 13******** |
| 4 | 岳 明 | 男 | 25 | 本科 | 盘锦市盘山县***** | 13******** |
| 5 | 吴丽丽 | 女 | 30 | 大专 | 沈阳市大东区***** | 13******** |
| 6 | 代明明 | 女 | 29 | 中专 | 鞍山市台安县***** | 13******** |
| 7 | 王 刚 | 男 | 38 | 本科 | 营口市站前***** | 13******** |
| 8 | 赵 茗 | 女 | 35 | 大专 | 沈阳市和平区***** | 13******** |

图4—26 输入职工信息后的表格

### 三、编辑表格

**1. 调整表格的行高和列宽**

表格的某一行高度或某一列的宽度可以根据单元格的内容进行调整。如可以将上表的"家庭地址"一列宽度加宽，其他列宽度适当调小。

具体的操作方法：将鼠标移到此列（如"家庭住址"）的左边线或右边线处，出现双竖线及左右箭头 ↔ 时，按下鼠标左键拖动即可调整该单元格的宽度。如果要调整行高，可以将鼠标放在要调整的行上边线或下边线处，出现上下箭头 ↕ 时，按下鼠标左键拖动即可调整该单元格的高度。调整后的表格如图4—27所示。

表格的行高和列宽还可以使用"表格"菜单中的"表格属性"命令来精确设置。

精确设置行高的具体操作步骤如下：

| 序号 | 姓名 | 性别 | 年龄 | 学历 | 家庭住址 | 联系电话 |
|---|---|---|---|---|---|---|
| 1 | 齐丽华 | 女 | 41 | 高中 | 大连市西岗区***** | 13******** |
| 2 | 王 华 | 女 | 32 | 大专 | 鞍山市铁西区***** | 13******** |
| 3 | 刘 帅 | 男 | 27 | 本科 | 沈阳市东陵区***** | 13******** |
| 4 | 岳 明 | 男 | 25 | 本科 | 盘锦市盘山县***** | 13******** |
| 5 | 吴丽丽 | 女 | 30 | 大专 | 沈阳市大东区***** | 13******** |
| 6 | 代明明 | 女 | 29 | 中专 | 鞍山市台安县***** | 13******** |
| 7 | 王 刚 | 男 | 38 | 本科 | 营口市站前***** | 13******** |
| 8 | 赵 茗 | 女 | 35 | 大专 | 沈阳市和平区***** | 13******** |

图 4—27 调整列宽后的表格

（1）将插入点置于要改变列宽的单元格中，或者选定要改变列宽的一列或多列。
（2）选择"表格/表格属性…"命令，弹出"表格属性"对话框。
（3）单击"行"标签，如图 4—28 所示。

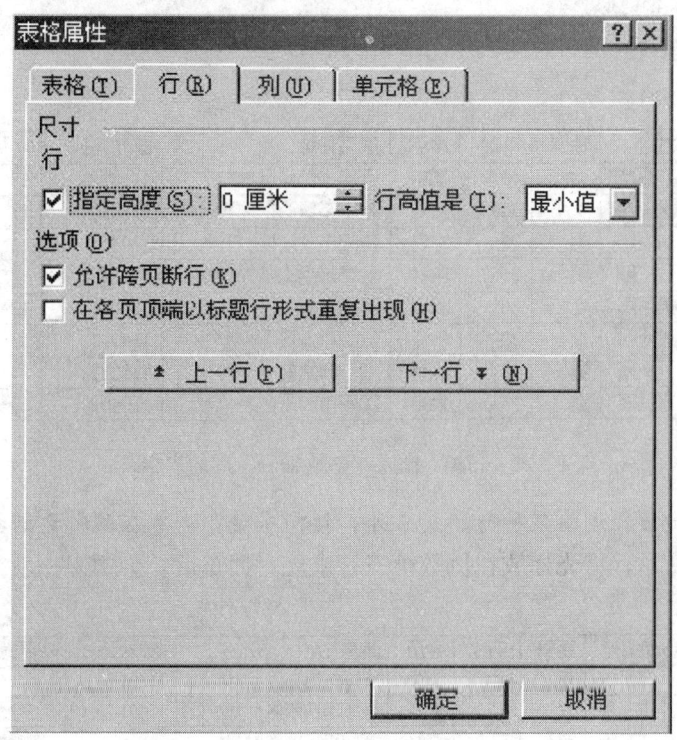

图 4—28 "表格属性"对话框/行标签

（4）选中"指定高度"复选框，然后指定行的具体高度，同时可以指定行高的单位。
（5）要设置其他行的高度，可以单击"上一行"或"下一行"按钮。
（6）单击"确定"按钮即可。
精确设置列宽的操作步骤与设置行高类似。

**2．插入行或列**

将光标定位到要添加的行或列处，选择"表格/插入/行（列）"命令，即可以根据需要在该处插入行或列。如需要在家庭住址后面插入一列为"邮政编码"。方法：将光标放在

"家庭住址"单元格内,选择"表格/插入/列(在右侧)"命令,如图 4—29 所示,则在表格中插入一列,输入"邮政编码",调整表格的行高和列宽,如图 4—30 所示。

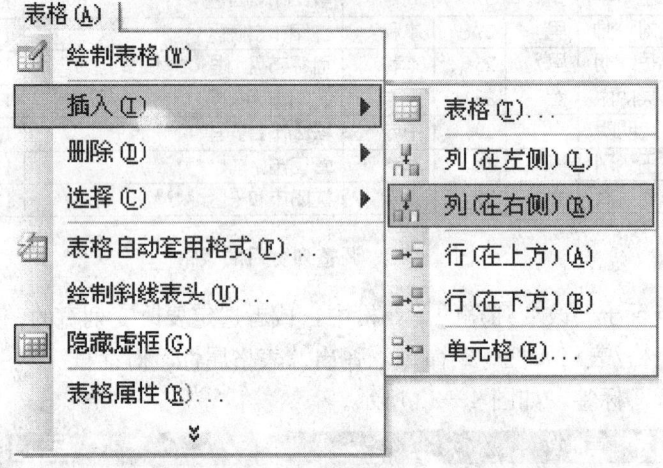

图 4—29 插入列

| 序号 | 姓名 | 性别 | 年龄 | 学历 | 家庭住址 | 邮政编码 | 联系电话 |
|---|---|---|---|---|---|---|---|
| 1 | 齐丽华 | 女 | 41 | 高中 | 大连市西岗区***** | 116011 | 13******** |
| 2 | 王 华 | 女 | 32 | 大专 | 鞍山市铁西区***** | 114011 | 13******** |
| 3 | 刘 帅 | 男 | 27 | 本科 | 沈阳市东陵区***** | 110161 | 13******** |
| 4 | 岳 明 | 男 | 25 | 本科 | 盘锦市盘山县***** | 124013 | 13******** |
| 5 | 吴丽丽 | 女 | 30 | 大专 | 沈阳市大东区***** | 110044 | 13******** |
| 6 | 代明明 | 女 | 29 | 中专 | 鞍山市台安县***** | 114112 | 13******** |
| 7 | 王 刚 | 男 | 38 | 本科 | 营口市站前***** | 115022 | 13******** |
| 8 | 赵 茗 | 女 | 35 | 大专 | 沈阳市和平区***** | 110402 | 13******** |

图 4—30 插入"邮政编码"后的表格

**注意**:将光标放在表格某一行的最末处,按回车键,即可在该行之后插入一行。

如图 4—31 所示,将光标放在倒数第三行末尾,回车后,会插入一新行,如图 4—32 所示。

| 序号 | 姓名 | 性别 | 年龄 | 学历 | 家庭住址 | 邮政编码 | 联系电话 |
|---|---|---|---|---|---|---|---|
| 1 | 齐丽华 | 女 | 41 | 高中 | 大连市西岗区***** | 116011 | 13******** |
| 2 | 王 华 | 女 | 32 | 大专 | 鞍山市铁西区***** | 114011 | 13******** |
| 3 | 刘 帅 | 男 | 27 | 本科 | 沈阳市东陵区***** | 110161 | 13******** |
| 4 | 岳 明 | 男 | 25 | 本科 | 盘锦市盘山县***** | 124013 | 13******** |
| 5 | 吴丽丽 | 女 | 30 | 大专 | 沈阳市大东区***** | 110044 | 13******** |
| 6 | 代明明 | 女 | 29 | 中专 | 鞍山市台安县***** | 114112 | 13******** |
| 7 | 王 刚 | 男 | 38 | 本科 | 营口市站前***** | 115022 | 13******** |
| 8 | 赵 茗 | 女 | 35 | 大专 | 沈阳市和平区***** | 110402 | 13******** |

光标

图 4—31 光标放在行尾

**注意**:如果要在表格的末尾处添加新行,则将插入点定位于表格的最后一个单元格中,然后按 Tab 键。

| 序号 | 姓名 | 性别 | 年龄 | 学历 | 家庭住址 | 邮政编码 | 联系电话 |
|---|---|---|---|---|---|---|---|
| 1 | 齐丽华 | 女 | 41 | 高中 | 大连市西岗区***** | 116011 | 13******** |
| 2 | 王 华 | 女 | 32 | 大专 | 鞍山市铁西区***** | 114011 | 13******** |
| 3 | 刘 帅 | 男 | 27 | 本科 | 沈阳市东陵区***** | 110161 | 13******** |
| 4 | 岳 明 | 男 | 25 | 本科 | 盘锦市盘山县***** | 124013 | 13******** |
| 5 | 吴丽丽 | 女 | 30 | 大专 | 沈阳市大东区***** | 110044 | 13******** |
| 6 | 代明明 | 女 | 29 | 中专 | 鞍山市台安县***** | 114112 | 13******** |
|   |   |   |   |   |   |   |   |
| 7 | 王 刚 | 男 | 38 | 本科 | 营口市站前***** | 115022 | 13******** |
| 8 | 赵 茗 | 女 | 35 | 大专 | 沈阳市和平区***** | 110402 | 13******** |

图4—32　回车后插入一新行

**3. 选择单元格、行或列**

使用鼠标在表格中进行选定，如表4—4所示。

表4—4　　　　　　　　使用鼠标在表格中进行选定

| 选定范围 | 操 作 |
|---|---|
| 一个单元格 | 将鼠标放在单元格左侧，变成向右的黑色箭头➚时，单击鼠标左键即可选定一个单元格 |
| 一行 | 选中一个单元格后，向右拖动鼠标即可选中一行；或者将鼠标放在该行左侧的空白处（即选定栏）处，当鼠标变成向右的空白箭头➚时，单击鼠标左键即可选定一行 |
| 一列 | 将鼠标放在该列的顶端，变成向下的箭头↓时，单击鼠标左键即可选定一列 |
| 多个单元格、行或列 | 选定某个单元格、行或列，按住 Ctrl 键，可以选择不连续的单元格、行或列；按住 Shift 键，可以选择连续的单元格、行或列 |

**4. 删除行或列**

将光标定位到要删除的行或列处，或者选定一行或多行、一列或多列，执行"表格/删除/行（列）"命令即可；或者选中该行，单击鼠标右键，在弹出的快捷菜单中选择"删除行"命令，也可以直接按 Backspace 退格键删除该行。

**注意**：如果要删除整个表格，可以将插入点置于该表格中，选择"表格/删除/表格"命令，或者选中表格，按 Backspace 退格键完成删除。

**四、设置文字样式**

和排版文档中的正文一样，可以排版表格中的文本。

**1. 设置标题**

在表格上方输入"职工自然情况表"，设置三号字，加粗，居中显示。

**注意**：在制作表格时，最好在表格上方留出一个或多个空行，方便表格的编辑和标题的输入。

**2. 设置表头字体**

设置表头字体为五号字，加粗，居中显示。制作好的表格如图4—33所示。

**注意**：在表格中选定文字与正文编辑中的选定方法相同。

**3. 表格中单元格的对齐方式**

默认情况下，Word 2003将文字与单元格的左上角对齐。根据实际需要，可以更改单元格中文字的对齐方式。方法：选定要设置文字对齐方式的单元格，单击鼠标右键，在弹出的快捷

**职工自然情况表**

| 序号 | 姓名 | 性别 | 年龄 | 学历 | 家庭住址 | 邮政编码 | 联系电话 |
|---|---|---|---|---|---|---|---|
| 1 | 齐丽华 | 女 | 41 | 高中 | 大连市西岗区***** | 116011 | 13******** |
| 2 | 王华 | 女 | 32 | 大专 | 鞍山市铁西区***** | 114011 | 13******** |
| 3 | 刘帅 | 男 | 27 | 本科 | 沈阳市东陵区***** | 110161 | 13******** |
| 4 | 岳明 | 男 | 25 | 本科 | 盘锦市盘山县***** | 124013 | 13******** |
| 5 | 吴丽丽 | 女 | 30 | 大专 | 沈阳市大东区***** | 110044 | 13******** |
| 6 | 代明明 | 女 | 29 | 中专 | 鞍山市台安县***** | 114112 | 13******** |
| 7 | 王刚 | 男 | 38 | 本科 | 营口市站前***** | 115022 | 13******** |
| 8 | 赵茗 | 女 | 35 | 大专 | 沈阳市和平区***** | 110402 | 13******** |

图4—33 制作好的"职工自然情况表"

菜单中选择"单元格对齐方式"命令,在弹出的菜单中选择一种对齐方式,如图4—34所示。

**4. 为表格添加边框或底纹**

制作一个新表时,Word用1/2磅的单实线表示边框,用户还可以为表格添加不同线型的边框。为了使表格一目了然,还可以给表格加上底纹。

选中表格或表格的一部分,选择"格式/边框和底纹"菜单命令进行设置,设置表格的四周边框线加粗,表头加底纹,如图4—35所示。

插入表格,还可以使用"常用"工具栏上的"插入表格"■按钮,单击■按钮,打开一个样式网格,如图4—36所示,拖动鼠标,选择行数和列数,如2×3表格表示插入一个2行3列的表格。

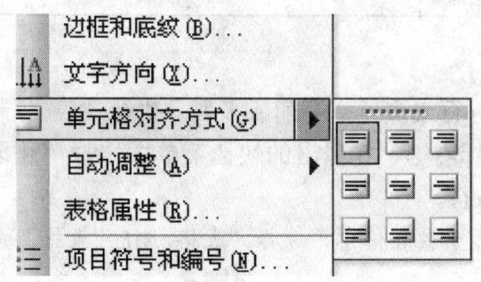

图4—34 "单元格对齐方式"子菜单    图4—35 添加边框和底纹的表格

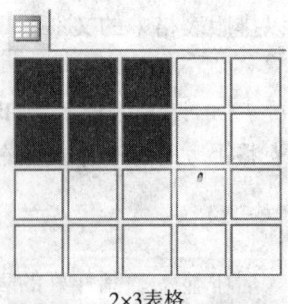

图4—36 表格样式网格

**五、绘制不规则表格**

制作一份不规则表格,如图4—37所示。

**招聘人员报名登记表**

图4—37 招聘人员报名登记表

操作步骤：

**1. 绘制表格**

(1) 输入标题名称"招聘人员报名登记表"，设置黑体，小四号字。

(2) 确认表格的行数和列数。表格包括9行，7大列，如图4—38所示。选择"表格/插入/表格"菜单命令，绘制一个9×7的表格，如图4—39所示。

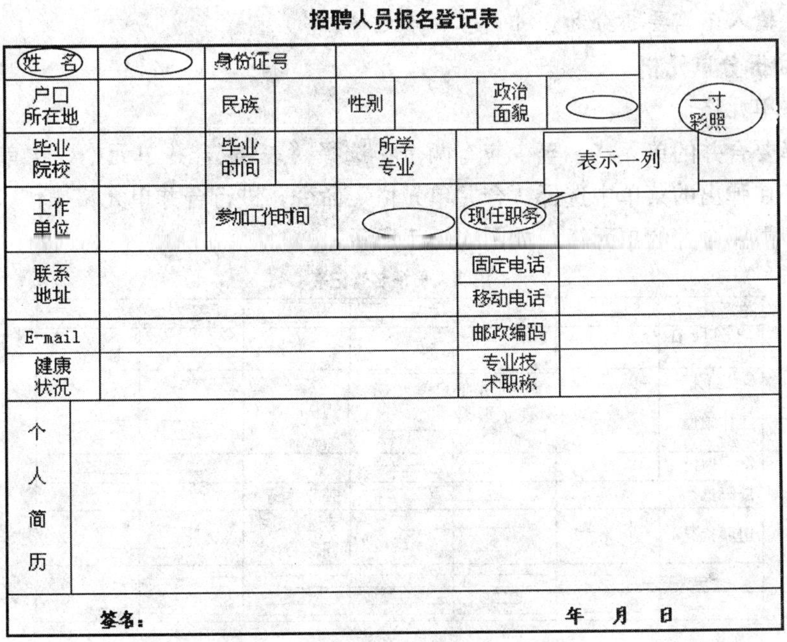

图4—38 确定表格的行数和列数

**招聘人员报名登记表**

图4—39 绘制表格

(3) 为了清楚地对表格进行编辑,我们可以将第1列的内容输入,只输入到第7行;分别在第3列的第1行和第4行输入内容,在第4列的第3行输入内容,第5列的第4、6、7行分别输入内容,如图4—40所示。

**招聘人员报名登记表**

| 姓名 | | 身份证号 | | | | |
|---|---|---|---|---|---|---|
| 户口所在地 | | | | | | |
| 毕业院校 | | | 所学专业 | | | |
| 工作单位 | | 参加工作时间 | | 现任职务 | | |
| 联系地址 | | | | | | |
| E-mail | | | | 邮政编码 | | |
| 健康状况 | | | | 专业技术职称 | | |
| | | | | | | |
| | | | | | | |

图4—40 输入部分内容的表格

**注意**:先输入不需要拆分和合并内容的单元格。

**2. 合并和拆分单元格**

(1) 合并单元格

首先选择要合并的单元格,至少应有两个;选择"表格/合并单元格"菜单命令;或单击鼠标右键,在弹出的菜单中选择"合并单元格"命令,进行合并单元格操作。

在本例中需要合并的单元格,如图4—41所示。

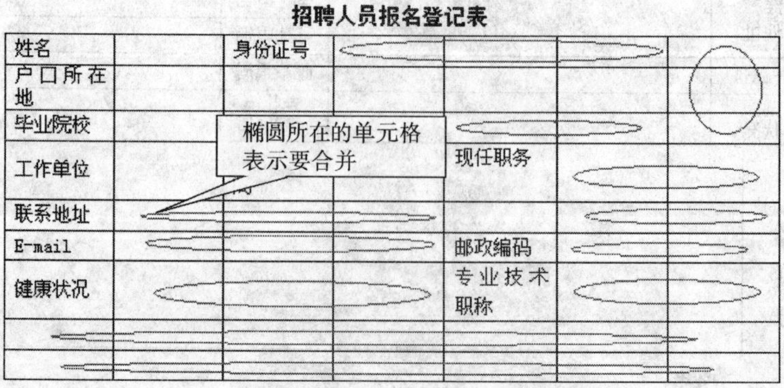

**招聘人员报名登记表**

图4—41 需要合并的单元格

合并单元格后的表格如图4—42所示。

招聘人员报名登记表

| 姓名 | | 身份证号 | | | |
|---|---|---|---|---|---|
| 户口所在地 | | | | | |
| 毕业院校 | | | 所学专业 | | |
| 工作单位 | | 参加工作时间 | | 现任职务 | |
| 联系地址 | | | | | |
| E—mail | | | | 邮政编码 | |
| 健康状况 | | | | 专业技术职称 | |
| | | | | | |

图4—42 合并单元格后的表格

（2）拆分单元格

首先选中要拆分的单元格，选择"表格/拆分单元格"菜单命令；或单击鼠标右键，在弹出的菜单中选择"拆分单元格"命令，弹出"拆分单元格"对话框，如图4—43所示。根据实际需要，输入行数和列数，单击"确定"按钮后，即可完成拆分单元格操作。

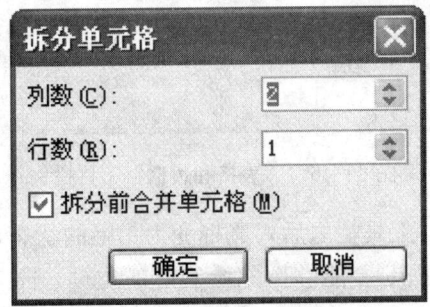

图4—43 "拆分单元格"对话框

本例中需要拆分的单元格，如图4—44所示。

招聘人员报名登记表

| 姓名 | | 身份证号 | | | |
|---|---|---|---|---|---|
| 户口所在地 | | 1行2列 | 拆分的行数和列数 | | |
| 毕业院校 | | 1行2列 | 所学专业 | | |
| 工作单位 | | 参加工作时间 | | 现任职务 | |
| 联系地址 | | | | 2行1列 | 2行1列 |
| E—mail | | | | 邮政编码 | |
| 健康状况 | | | | 专业技术职称 | |
| | | | | | |

图4—44 需要拆分的单元格

在拆分单元格之后的表格中输入内容，如图4—45所示。

**招聘人员报名登记表**

| 姓名 | | 身份证号 | | | |
|---|---|---|---|---|---|
| 户口所在地 | | 民族 | | | 一寸照片 |
| 毕业院校 | | 毕业时间 | | 所学专业 | |
| 工作单位 | | 参加工作时间 | | 现任职务 | |
| 联系地址 | | | | 固定电话 | |
| | | | | 移动电话 | |
| E-mail | | | | 邮政编码 | |
| 健康状况 | | | | 专业技术职称 | |
| 签名： | | | | 年 月 日 | |

图 4—45 拆分单元格后并输入内容

### 3. 使用铅笔绘制表格

（1）在不规则的表格中经常会遇到宽度不等的列，这时需要使用表格中绘制表格工具栏中的铅笔进行绘制。选择"表格/绘制表格"弹出"表格和边框"工具栏，如图 4—46 所示。

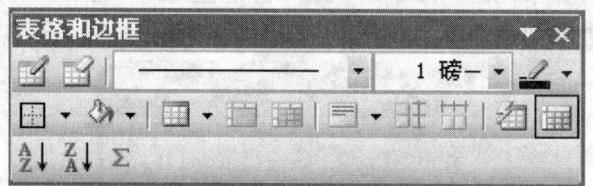

图 4—46 "表格和边框"工具栏

（2）弹出"表格和边框"工具栏之后，光标变为铅笔的状态，可以根据情况绘制不规则的单元格。工具栏中的橡皮工具 能够擦除绘制好的边框。需要擦除的边框，如图 4—47 所示。

**招聘人员报名登记表**

| 姓名 | | 身份证号 | | | |
|---|---|---|---|---|---|
| 户口所在地 | | 民族 | | 需要删除 | 一寸照片 |
| 毕业院校 | | 毕业时间 | | 所学专业 | |
| 工作单位 | | 参加工作时间 | | 现任职务 | |
| 联系地址 | | | | 固定电话 | |
| | | | | 移动电话 | |
| E-mail | | | | 邮政编码 | |
| 健康状况 | | | | 专业技术职称 | |
| 签名： | | | | 年 月 日 | |

图 4—47 需要擦除的边框

（3）用铅笔绘制不规则单元格，如图 4—48 所示。

输入余下的内容，文字排版，调整表格宽度和高度。设置单元格文字对齐方式为水平垂直居中，如图 4—49 所示。

图 4—48 铅笔绘制不规则表格

图 4—49 排版后的表格

## 4. 添加边框

给表格添加边框，具体步骤如下：

(1) 将光标置于表格内的位置。

(2) 选择"格式/边框和底纹"命令，弹出"边框和底纹"对话框。

(3) 单击"边框"标签，如图 4—50 所示。

(4) 在"应用于"下拉列表中选择"表格"。

(5) 在"设置"区，选择"自定义"方框，设置线宽度为 2.5 磅，从下拉列表中选择，默认线的颜色为黑色。

(6) 用鼠标分别单击"预览"图示的四周，设置外边框线为 2.5 磅。

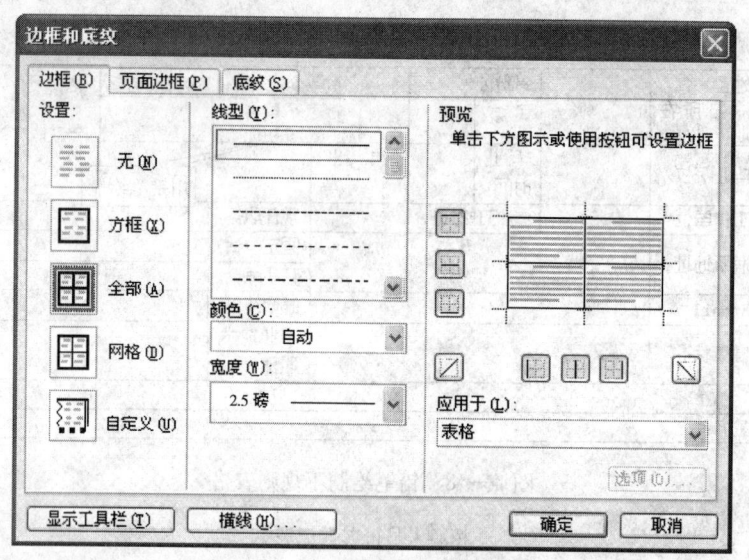

图 4—50 "边框和底纹"对话框

（7）再选择线宽为 1 磅，用鼠标单击"预览"图示的内部"十"字形框线，设置内边框线为 1 磅。

（8）单击"确定"按钮，完成设置。

设置好的表格如图 4—51 所示。

**招聘人员报名登记表**

| 姓名 | | 身份证号 | | | | |
|---|---|---|---|---|---|---|
| 户口所在地 | | 民族 | | 性别 | 政治面貌 | 一寸照片 |
| 毕业院校 | | 毕业时间 | | 所学专业 | | |
| 工作单位 | | 参加工作时间 | | 现任职务 | | |
| 联系地址 | | | | 固定电话 | | |
| | | | | 移动电话 | | |
| E-mail | | | | 邮政编码 | | |
| 健康状况 | | | | 专业技术职称 | | |
| 个人简介 | | | | | | |
| 签名： | | | | 年 月 日 | | |

图 4—51 绘制好的表格

**5. 绘制斜线表头**

操作方法：

（1）把光标置于表格的某个单元格内。

（2）选择“表格/绘制斜线表头”命令，在出现的对话框中，如图 4—52 所示，选择表头样式，在下面的预览框中会显示相应的效果。输入标题内容。

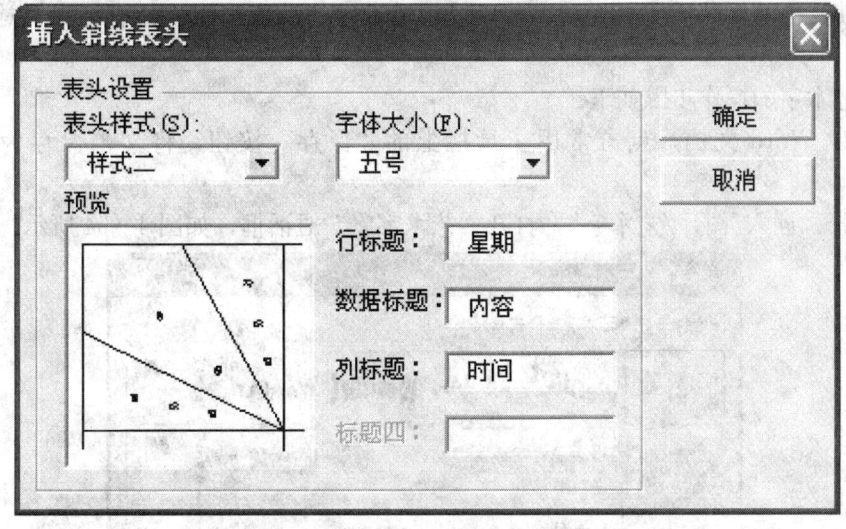

图 4—52 “插入斜线表头”对话框

（3）单击“确定”按钮，形成如图 4—53 所示的表格。

**培 训 课 表**

| 星期 内容 时间 | 星期一 | 星期二 | 星期三 | 星期四 | 星期五 |
|---|---|---|---|---|---|
| 上 午 | | | | | |
| 下 午 | | | | | |

图 4—53 带有斜线表头的表格

# 模块四 图文混排

**学习目标**

1. 掌握在文档中插入艺术字剪贴画的方法。
2. 掌握图形的绘制。
3. 掌握图片插入及格式的设计。
4. 掌握混排的综合运用。

日常生活中，我们经常会在杂志、报刊上看到图文并茂的文章，感染力很强。Word 文字处理软件可以实现艺术字、图片、剪贴画、文本框的插入和编辑,这样会使我们的文章变得生动、活泼,给人以很强的视觉效果。

**一、插入艺术字**

为了使文档的标题活泼、生动,可以使用艺术字的功能来生成具有特殊视觉效果的标题。

插入艺术字的操作步骤如下:

1. 新建 Word 文档,点击常用工具栏上的"保存"按钮,将文档保存为"个人简历.doc"。

2. 选择"插入/图片/艺术字",打开"艺术字库"对话框,如图 4—54 所示。

图 4—54 "艺术字库"对话框

3. 选择一种样式,如选取第三行第一个样式。确定后,打开"编辑'艺术字'文字"对话框,如图 4—55 所示。

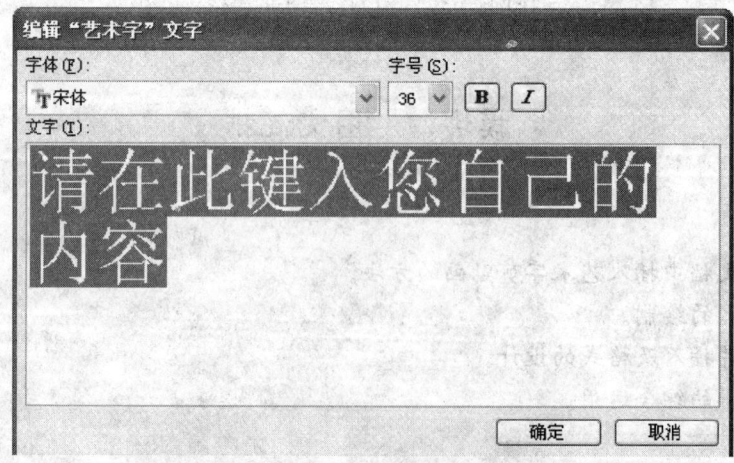

图 4—55 "编辑'艺术字'文字"对话框

4. 输入"个人简历",设置字体为"华文新魏",字号为"72",字体加粗,如图4—56所示。

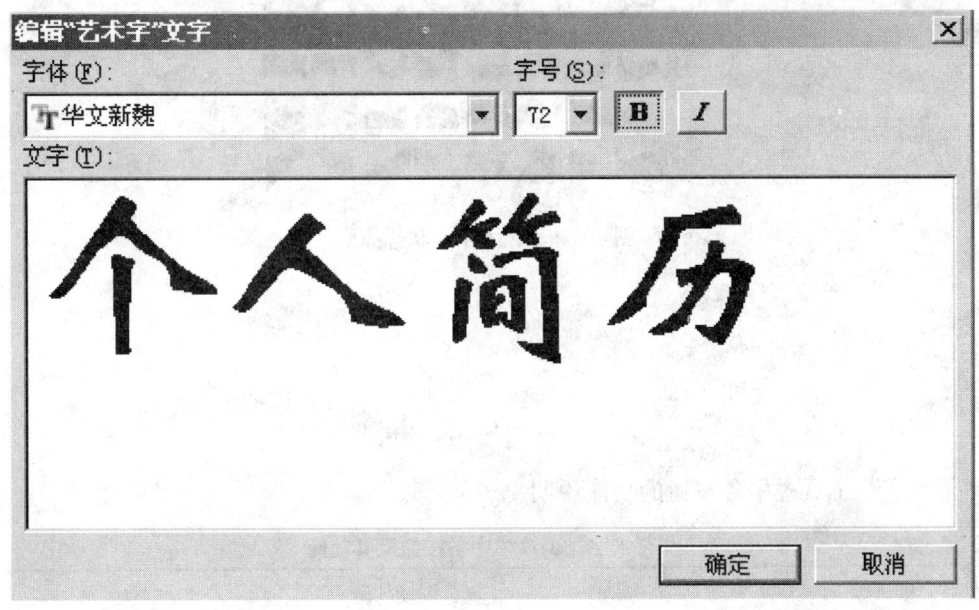

图4—56 输入"个人简历"并设置

5. 点击"确定"按钮后,艺术字标题设置完成,如图4—57所示。调整标题位置,使其居中显示。

图4—57 艺术字标题"个人简历"

**注意:** 制作好的艺术字选中之后,周围有8个手柄,将鼠标放在上面,手柄处分别会出现左右、上下、对角线箭头,按相应的方向拉伸或收缩可以调整艺术字的大小。

设置好的艺术字可以更改其格式和形状,操作步骤如下:

(1) 选择"视图/工具栏/艺术字",打开"艺术字"工具栏,如图4—58所示。将鼠标放在相应的按钮上,就会提示按钮的作用。

(2) 在工具栏上单击 ,打开"设置艺术字格式"对话框,可以重新设置艺术字的格式;在工具栏上单击 ,弹出如图4—59所示的形状选择框,选择5行5列,效果如图4—60所示。

图4—58 "艺术字"工具栏

图 4—59 艺术字形状选择框

图 4—60 形状的效果图

"艺术字"工具栏中各按钮的功能说明见表 4—5。

表 4—5  "艺术字"工具栏中各按钮及其功能

| 按 钮 | 功 能 |
| --- | --- |
|  | 插入艺术字,打开"艺术字库"对话框 |
| 编辑文字(X)... | 编辑选定的艺术字的文字,打开"编辑'艺术字'文字"对话框 |
|  | 重新选择艺术字式样,打开"艺术字库"对话框 |
|  | 设置艺术字格式,打开"设置艺术字格式"对话框 |
|  | 设置艺术字形状,在下拉列表中选择一种形状 |
|  | 设置文字环绕方式,在下拉列表中选择一种方式 |
|  | 设置艺术字字母高度相同 |
|  | 设置艺术字竖排文字 |
|  | 设置艺术字对齐方式,在下拉列表中选择一种方式 |
|  | 设置艺术字的字符间距,在下拉列表中选择一种方式 |

**注意**:艺术字属于图形对象,不能作为文本对待。

输入一段文字,如"自然情况"等,并设置字体、字号,如图 4—61 所示。

二、绘制图形

在实际工作中我们需要自己在文档中绘制各种图形,可以通过"绘图"工具栏完成。

**1. 插入自选图形**

在文档中插入自选图形,操作步骤如下:

(1) 选择"插入/图片/自选图形",这时在状态条的上端出现一个"绘图"工具栏,如图 4—62 所示,页面上还会单独出现"自选图形"工具栏,如图 4—63 所示。

**注意**:在"绘图"工具栏上,可以直接插入剪贴画、插入图片、插入艺术字、插入文本

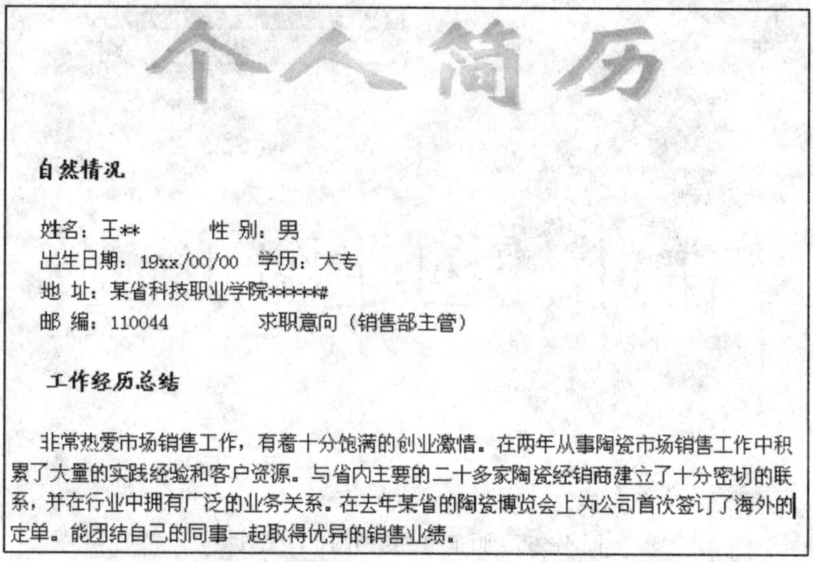

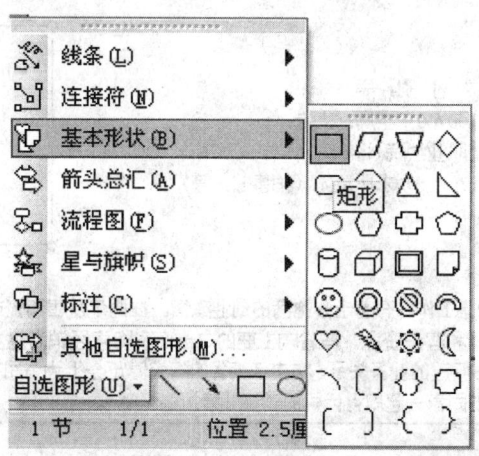

图4—61 输入文字

图4—62 "绘图"工具栏

图4—63 "自选图形"工具栏

框、插入自选图形等。

(2)在"绘图"工具栏上,点击自选图形标签,选择"基本形状/矩形",如图4—64所示,选中的同时,在文档上会出现一个画布和一个"绘图画布"的工具栏,如图4—65所示。

图4—64 选择"自选图形/基本形状/矩形"

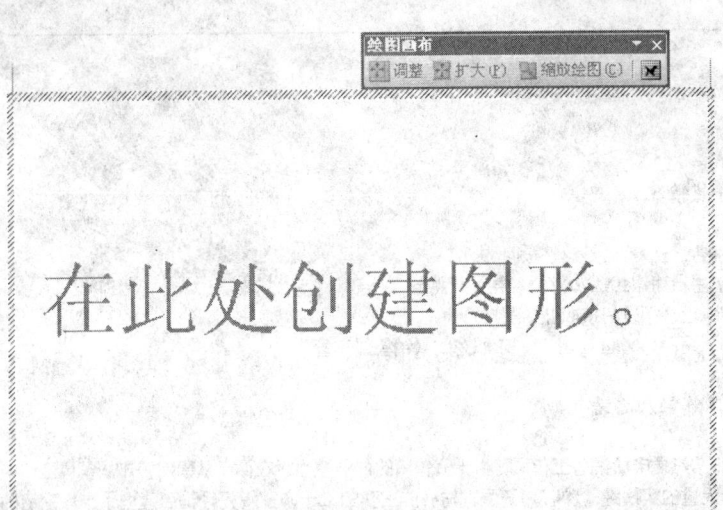

图 4—65　画布和"绘图画布"工具栏

绘图画布是在创建图形对象（例如自选图形和文本框）时产生的。它是一个区域，可在该区域上绘制多个形状。因为形状包含在绘图画布内，所以它们可作为一个单元移动和调整大小。当图形对象包括几个图形时这个功能会很有帮助。绘图画布还在图形和文档的其他部分之间提供一条类似框架的边界。在默认情况下，绘图画布没有背景或边框，但是如同处理图形对象一样，可以对绘图画布应用格式。

**注意：** 一般情况下，绘制单独的一个图形不在画布上操作，可以在文档的其他空白处绘制。

（3）此时光标变成"＋"字形，直接拖动鼠标左键，即可绘制一个矩形。调整矩形的位置至合适处。如放在文档的右侧，如图 4—66 所示。

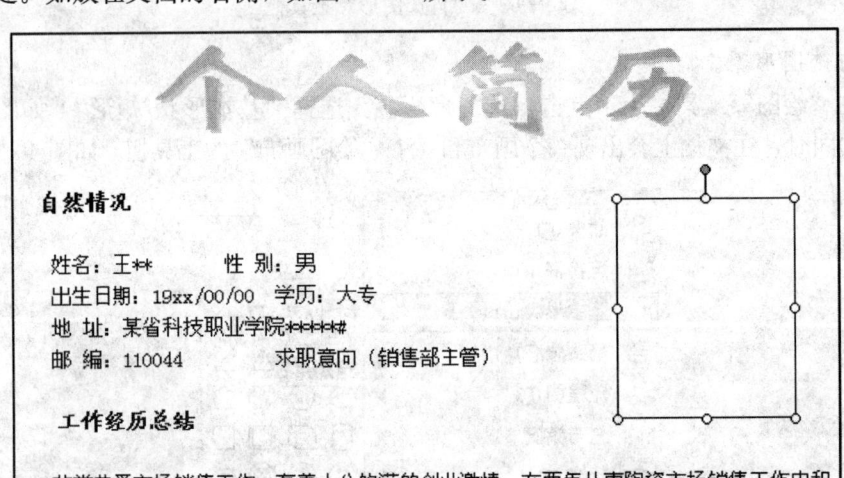

图 4—66　绘制矩形框

**2. 调整自选图形位置**

选中矩形框，四周会出现 8 个空心的圆点，当鼠标在圆点处变成上下、左右、对角线的箭头时可以拖动鼠标，调整矩形框的大小。在矩形框的上方有个小绿点，当鼠标放在上面，变成 ⟳ 时，按住鼠标左键，可以旋转图形。

**3. 设置自选图形格式**

选中矩形框，点击鼠标右键，在弹出的快捷菜单中，选择"设置自选图形格式"，之后弹出对话框，如图 4—67 所示。可以设置自选图形的填充颜色和线条颜色等，如设置矩形填充颜色为浅灰色，线型为 2.25 磅，确定后，矩形框如图 4—68 所示。

**4. 在自选图形中添加文字**

选中矩形，点击鼠标右键，在弹出的快捷菜单中，选择"添加文字"，这时可以在矩形框内输入文字。如输入"照片粘贴处"，居中显示。如图 4—69 所示。

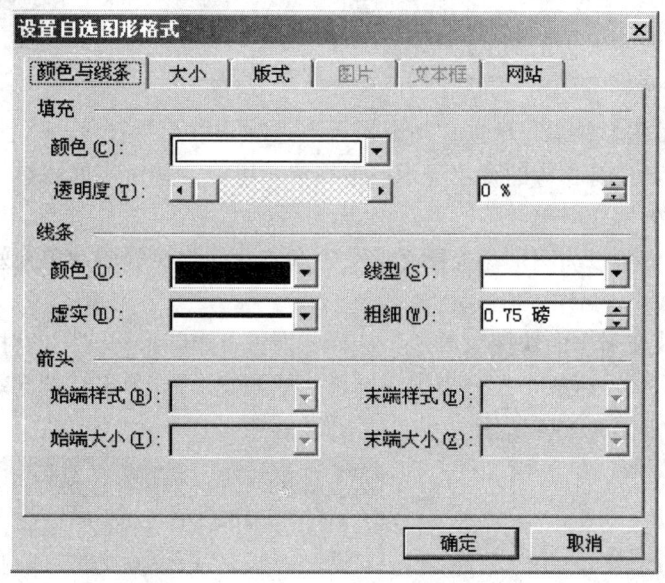

图 4—67 "设置自选图形格式"对话框

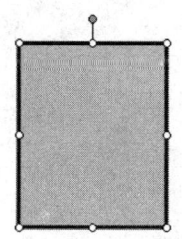

图 4—68 设置后的矩形

图 4—69 在矩形框中输入文字

**5. 设置自选图形效果**

使用"绘图"工具栏还可以为自选图形设置阴影效果、填充效果和三维效果等。

（1）设置图形的阴影

设置阴影效果的操作步骤如下：

1) 选中要设置的图形，如图 4—70 所示。

2）单击图形工具栏的■按钮，弹出阴影设置如图4—71所示。
3）在图中单击所需的"阴影"图标，如■，效果如图4—72所示。

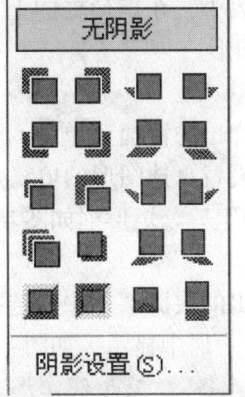

图4—70 "笑脸"自选图形　　图4—71 "阴影设置"列表　　图4—72 "笑脸"阴影效果

4）如果要调整阴影效果，单击"阴影设置"选项，弹出如图4—73所示的工具栏。将鼠标移到某按钮上，会有相应的提示显示。根据提示可以调整所需的阴影。

（2）设置图形的填充效果

根据需要，我们可以为图形填充图案、纹理和图片。为笑脸图片填充效果，操作步骤如下：

1）右击图形，在弹出的快捷菜单中，选择"设置自选图形格式"的对话框。
2）在"颜色"选项区的下拉列表中，选择"填充效果"，弹出"填充效果"对话框。选择"纹理"标签，如图4—74所示。

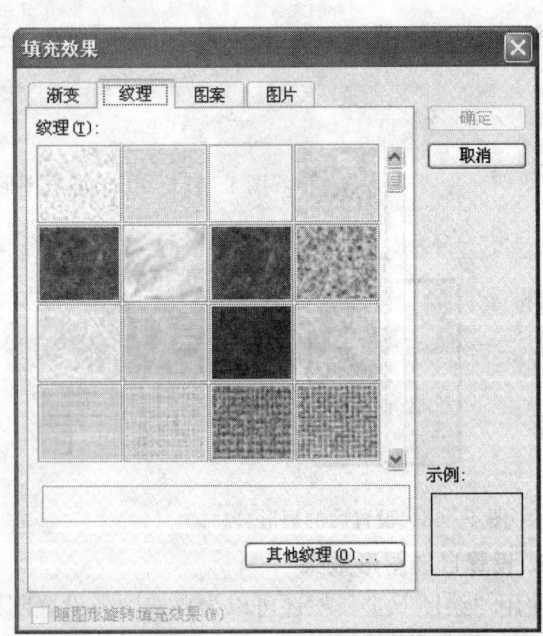

图4—73 "阴影设置"工具栏　　　　图4—74 "填充效果"对话框

在对话框中选择纹理样式，如"花束"，然后单击确定，效果如图4—75所示。

图 4—75 填充后的笑脸

(3) 设置图形的三维效果

有些图形可以设置三维效果，有些则不能设置。

操作步骤如下：

1) 使用椭圆工具绘制一个椭圆如图 4—76 所示。

2) 选中椭圆，单击"绘图"工具栏的▇按钮，弹出如图 4—77 所示的"三维设置"对话框。

3) 选择所需的效果，如▇，效果如图 4—78 所示。

图 4—76 椭圆

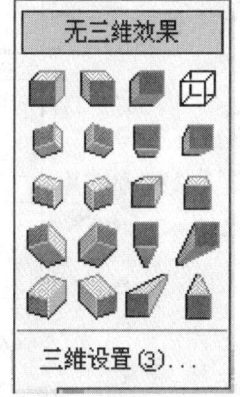
图 4—77 三维设置列表

图 4—78 设置后的椭圆

如果要调整三维效果，单击"三维设置"选项，弹出如图 4—79 所示的工具栏。根据需要进行调整。

图 4—79 "三维设置"工具栏

### 三、插入剪贴画

Word 2003 在剪辑库包含了大量的图片，图片的内容包罗万象，从植物、动物到人物，从日常用品、建筑到风景名胜，应有尽有。

**1. 在文档中插入剪贴画**

操作步骤如下：

(1) 选择"插入/图片/剪贴画"或直接点击绘图工具栏上的▇，窗口右侧会出现一个剪贴画的窗格，如图 4—80 所示。

(2) 直接单击"搜索"按钮，系统将所得结果列载于任务窗格中，如图 4—81 所示。选择一种剪贴画。

**注意**：可以在"搜索文字"下方的文本框中输入剪贴画的类别，或文件名。在"搜索范围"和"结果类型"中设定条件，缩小搜索范围。

图 4—80　"剪贴画"窗格　　　　　　图 4—81　显示搜索结果

### 2. 设置剪贴画的版式

双击插入文档中的剪贴画，打开"设置自选图形格式对话框"，选择"版式"标签，设置版式为四周型，如图 4—82 所示。

图 4—82　选择"四周型"版式

文字环绕：文字环绕方式就是图片和文本的位置关系，即排版效果。一般情况下，插入到文档中的图片总是单独占一些空间，但在实际操作过程中，可能需要将图片放置在某些文字的中间，要调整文字和图片的关系。

在 Word 2003 中，环绕方式分为：

嵌入型：将对象置于文档的插入点处，使文字和图片在同一层。

四周型：将文字紧密环绕在所选对象的矩形边框的四周。

紧密型：将文字紧密环绕在图像自身的边缘的周围。

浮于文字上方：该选项取消文字环绕格式，将对象置于文档中文字的上面，覆盖着部分文字，对象将浮动于自己的绘图层中。

衬于文字下方：取消文字环绕格式，并将对象置于文本层之下的层，让文字遮盖对象。

对话框中的水平对齐方式是指对象与文档页面的水平对齐位置。

### 3. 调整剪贴画的大小及位置

选中剪贴画，图片的四周会出现和自选图形一样的圆圈，如图4—83所示，利用鼠标可以更改剪贴画的大小。当鼠标放在图片黄色菱形块上时，变成，拖动鼠标可以改变图形的形状，如图4—84所示。

图4—83　选中剪贴画　　　　　　　图4—84　改变图形的形状

### 四、插入图片

在word中可以插入多种格式的图形，如".bmp"和".gif"及".TIF"等图形格式。

### 1. 插入图片

在文档中插入图片的操作步骤如下：

选择"插入/图片/来自文件"或直接点击绘图工具栏上的，弹出"插入图片"对话框，然后选择图形文件所在的文件夹及文件名，如图4—85所示，单击插入即可。

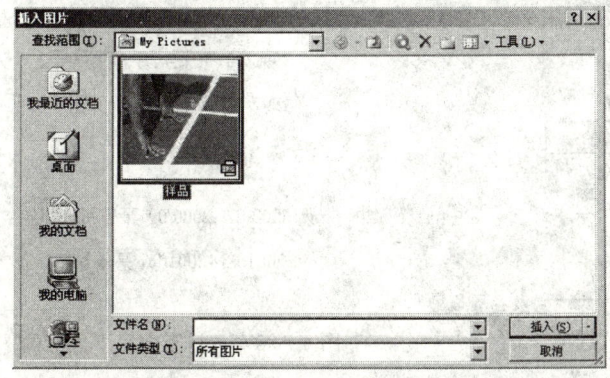

图4—85　"插入图片"对话框

## 2. 设置冲蚀

插入图片的同时弹出一个"图片"工具栏，如图4—86所示，选中图片，将图片移到合适的位置，单击图片工具栏上的 按钮，在弹出的下拉列表中选择"冲蚀"，如图4—87所示，默认情况下为自动。效果如图4—88所示。

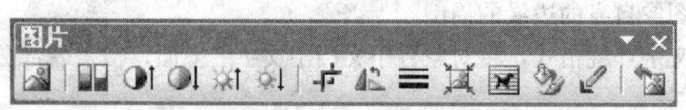

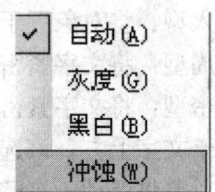

图4—86　图片工具栏　　　　　　　　图4—87　"颜色"的四个选项

**注意**：冲蚀的作用是让添加的图片在文字后面降低透明度显示，以免影响文字的显示效果。

选择"灰度"选项，将彩色图片转换为黑白图片，每一种颜色都转换成相应的灰度级别；选择"黑白"选项，将图片转换为纯黑白图片，即线条画。

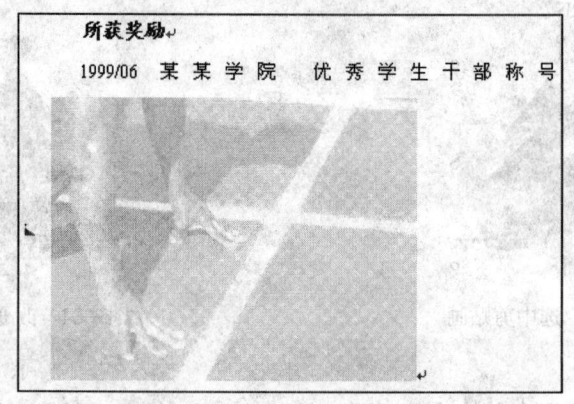

图4—88　图片冲蚀后的效果

## 3. 设置图片的版式

选中图片，单击图片工具栏上的 ，在下拉列表中选择"衬于文字下方"，如图4—89所示。效果如图4—90所示。

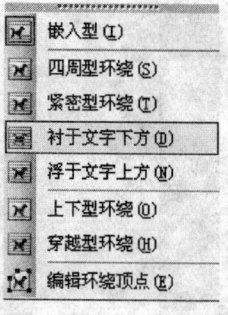

图4—89　版式选项　　　　　图4—90　"衬于文字下方"的图片和文字效果

## 五、页面设置与打印操作

### 1. 设置页面格式

页面设置主要包括页边距设置、纸张设置、版式设置,其中纸张设置和页边距设置是最重要的设置,合适的纸张、合理的页边距让文档显得更为美观。

选择"文件/页面设置"菜单命令,打开"页面设置"对话框,如图4—91所示,默认显示的是"页边距"选项卡,在这个选项卡里可以设置上下左右边距,装订线位置及纸张的方向。在本例中选择默认值,在纸张选项卡中,设置纸张大小为"A4",单击"确定"即可。

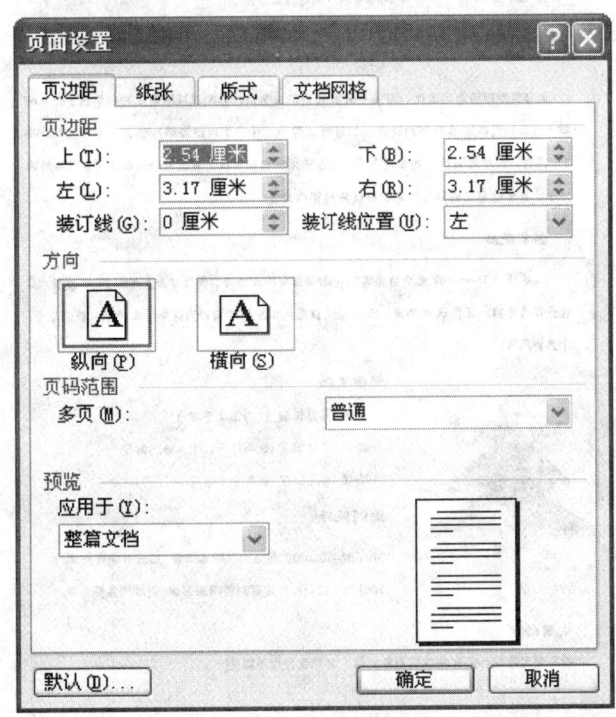

图4—91 "页面设置"对话框

### 2. 打印预览与打印输出

打印预览目的是用来模拟显示文档的实际打印效果。选择"文件/打印预览"菜单命令或单击"常用"工具栏上的"打印预览"按钮,显示打印预览窗口,如图4—92所示,在该视图下,用户可以看到页面的整体效果,并可以使用"打印预览"工具栏上的工具按钮重新调整页面格式或直接将文档输出。

设置好的文档可以将其打印输出。选择"文件/打印"菜单命令,打开"打印"对话框,如图4—93所示。设置打印的页面范围,包括全部,当前页和页码范围。

**注意:**当前页是指光标所在的页面;页码范围用逗号分隔,如1,3—7,8,10。

设置完毕后,单击"确定"按钮即可开始打印文档。

若要快速打印某个文档,可以直接单击"常用"工具栏上的打印按钮,打印机会整篇文档直接输出。

如果文档中含有多页,为了阅读方便可以给文档插入页码。选择"插入/页码"菜单命

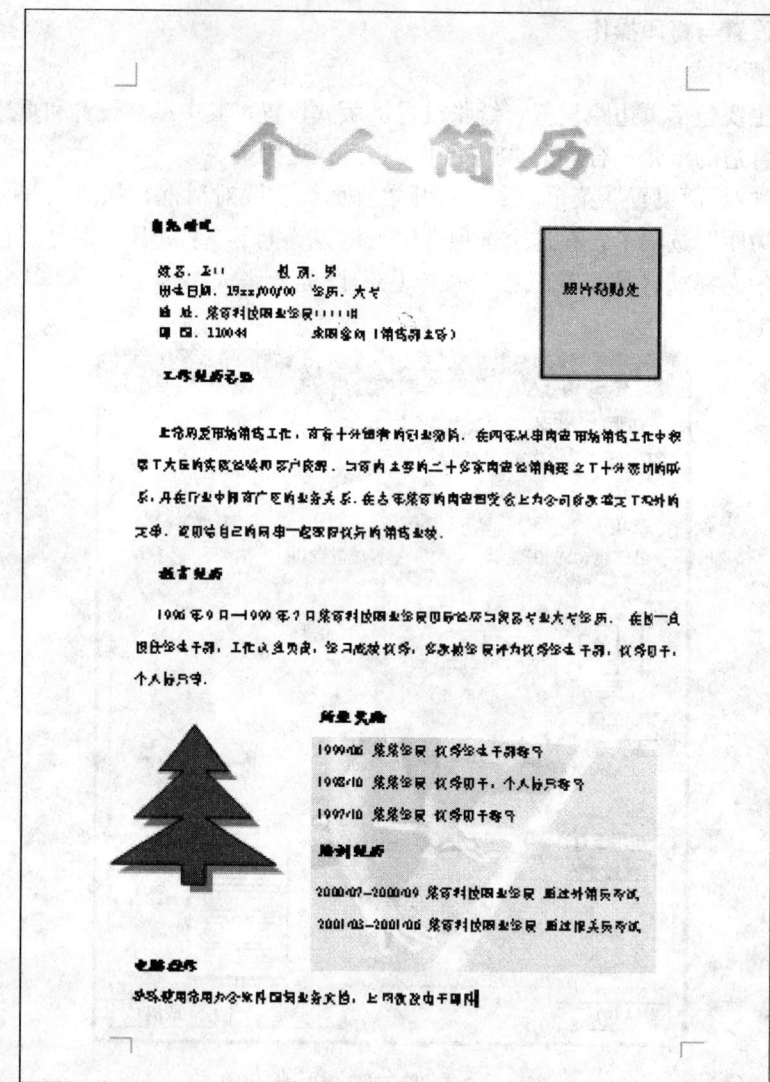

图4—92 "打印预览"窗口

令,打开"页码"对话框,如图4—94所示。"位置"的下拉列表指定页码出现的位置;"对齐方式"下拉列表中设置页码的对齐方式。

**注意**:如果首页作为封面,可以不显示页码,则不选择"首页显示页码"复选项。

如果要改变页码的格式,点击"格式"按钮,在打开的"页码格式"对话框中,如图4—95所示,设置具体的页码格式即可。

### 3. 打印水印

在"打印预览"中可预览制作的水印效果,然后设置"打印"选项。在"工具"菜单下打开"选项"对话框,在其中"打印"内选中"背景色和图像"后再进行文档打印,水印才会一同打出。

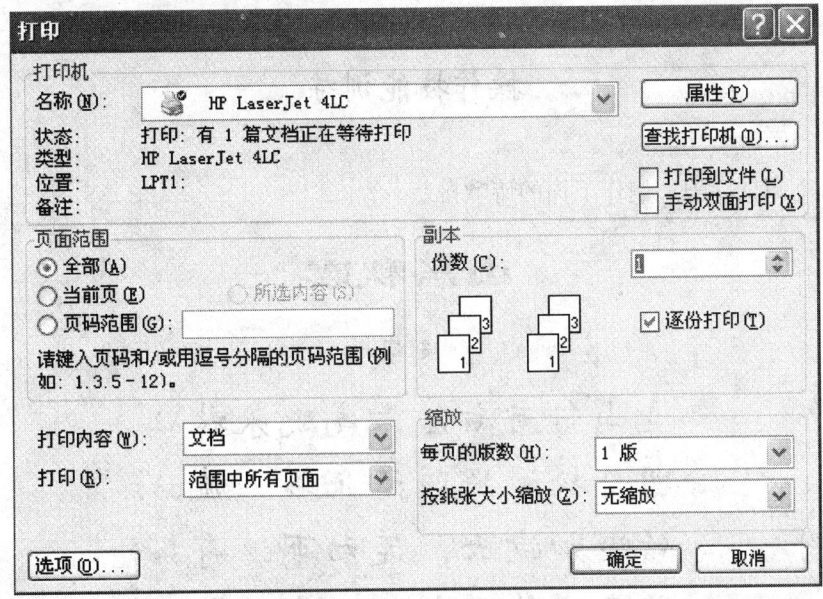

图 4—93 "打印"对话框

图 4—94 "页码"对话框

图 4—95 页码格式对话框

# 操作技能训练

1. 通过本章的学习，制作下面的诗歌排版。

要求：

（1）在 D 盘根目录下，建立一个文件夹，命名为"word 练习"。

（2）启动 Word 应用程序，新建一个空白文档，保存到"D：\ word 练习"文件夹中，命名为"山居秋暝.doc"。

（3）输入文字：

山居秋暝

王维

空山新雨后，天气晚来秋。

明月松间照，清泉石上流。

竹喧归浣女，莲动下渔舟。

随意春芳歇，王孙自可留。

（4）设置标题"山居秋暝"，字体为"隶书"，字号为"一号"，加粗，并居中显示。

（5）设置作者"王维"，字体为"华文行楷"，字号为"小三号"，居中显示。

（6）设置正文内容，字体为"华文新魏"，字号为"二号"，居中显示。

（7）设置边框和底纹。

（8）设置文档内容动态效果为"礼花绽放"效果。

（9）打印预览并调整页面设置。

2. 制作如下页所示的"个人简历表"。

要求：

（1）制作一个如下页所示的"个人简历表"。

（2）表头"个人简历表"设置为"黑体，小三号，居中"；表中"个人简历"设置为"宋体，五号，纵向；水平垂直居中对齐"，其他文字设置为"宋体，五号，对齐方式为居中对齐"。

(3) 设置表格外框为粗实线 3 磅,内部为实线 1 磅。
(4) 在照片位置插入图片。

个人简历表

| 姓名 | | 性别 | | 照片 |
|---|---|---|---|---|
| 出生日期 | | 学历 | | |
| 出生地 | | 毕业学校 | | |
| 通信地址 | | | | |
| 联系电话 | | | | |
| 个人简历 | | | | |

# 第五单元　使用 Excel 软件编制电子表格

Excel 2003 是一款非常优秀的电子表格系统，它功能强大、操作简便，使用公式和函数功能可以方便地完成各种统计工作，还具有很强的图形、图表处理功能。

## 模块一　工作表的创建及基本操作

**学习目标**
1. 掌握 Excel 的启动方法。
2. 掌握 Excel 工作簿的创建、保存和打开。
3. 掌握 Excel 工作表的基本操作。

**一、Excel 2003 的启动**

Excel 2003 的启动方法有多种，常用的启动方法有：

（1）从开始菜单启动，选择"开始/程序/Microsofe office/Microsofe Office Excel 2003"进行启动。

（2）通过快捷方式启动，如果桌面上建立了 Excel 2003 的快捷方式，双击桌面 Microsofe Office Excel 2003 的快捷启动图标启动。

（3）通过已有的文档启动，选择"开始/我最近的文档"选项中的 Excel 文档，系统会自动启动 Excel 应用程序，并打开相应的文档。

（4）也可以通过桌面或资源管理器，找到文件夹中的 Excel 文档，双击图标，即可打开 Excel 应用程序。

**二、Excel 窗口的组成**

Excel 2003 的窗口组成如图 5—1 所示。

（1）标题栏：显示应用程序的名称和所打开的工作簿的名称（默认为 Book1）。

（2）菜单栏：Excel 2003 的命令集合。

（3）工具栏：分为常用工具栏和格式工具栏，Excel 2003 工具栏和 Word 2003 工具栏功能类似。

（4）编辑栏：用于显示活动单元格中的数据或公式。

（5）工作区：用于记录数据、绘制表格的区域性。

（6）工作表标签：用于显示工作表的标签。

（7）行号：由 1～65 536 数字组成，最多 65 536 行。

（8）列号：由 A～IV 大写英文字母组成，最多 256 列。

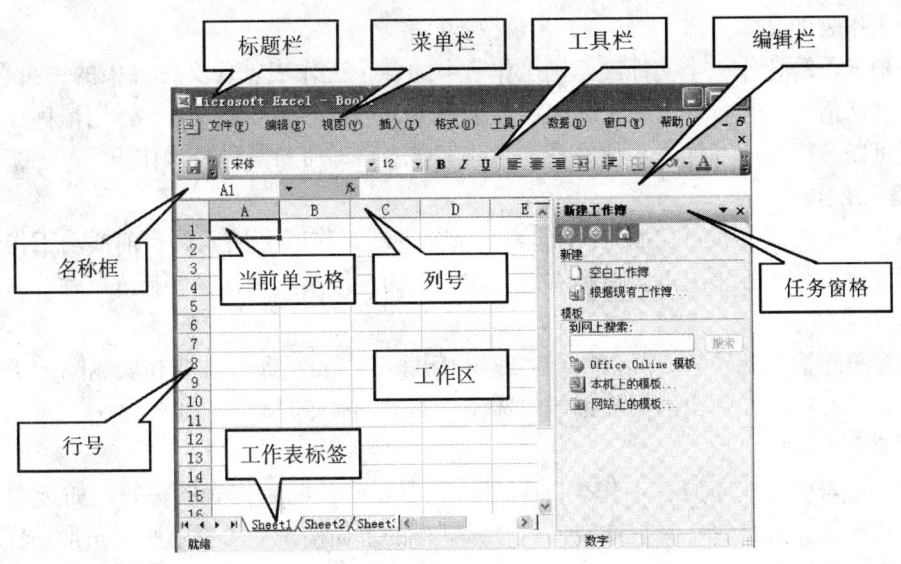

图 5—1　Excel 2003 窗口

(9) 当前单元格：由黑框线框起来的单元格。
(10) 名称框：显示当前单元格的位置，由列号和行号组成。
任务窗格、状态栏和滚动条与 Word 2003 功能类似。

### 三、工作簿的基本操作

**1. 打开和新建工作簿**

启动 Excel 应用程序，系统会自动打开一个新的工作簿，名为 Book1。工作簿的新建和新建 Word 文件方法一样：一是单击"常用"工具栏上的"新建"按钮，直接建立一个空白的工作簿文件；二是通过执行"文件/新建"命令，打开"新建工作簿"任务窗格。选择"空白工作簿"，建立新工作簿。

打开已经存在的工作簿有两种方法：一是单击"常用"工具栏上的"打开"按钮；二是执行"文件/打开"命令。

**注意**：按住 Ctrl 键，可以选择不连续的多个文件，同时打开；按住 Shift 键，可以选择连续的多个文件，同时打开。

**2. 保存和关闭工作簿**

Excel 工作簿的保存与 Word 文件保存相同。可以单击"常用"工具栏上的"保存"按钮或执行"文件/保存"命令，系统自动为文件添加 XLS 扩展名。

**注意**：Excel 2003 可以设置每隔一定时间自动保存文档的功能，以防止突然断电或死机时造成信息的丢失。

设置自动保存的方法是：执行"工具/选项"命令，打开"选项"对话框，选择"保存"选项卡。选中"保存自动恢复信息"复选框，设置合适的时间间隔，最后单击"确定"按钮即可。

Excel 2003 中工作簿的关闭方法为选择菜单中的"文件/关闭"命令，关闭当前的工作簿；若选择菜单中的"文件/退出"命令，则退出 Excel 2003 程序。

**注意**：按住 Shift 键，选择"文件/全部关闭"命令，可以同时关闭所有打开的工作簿。

## 四、工作表的基本操作

如果把工作簿比作一个文件夹，则工作簿中的各个工作表就像文件夹中的一页页文件。新工作簿默认情况下会打开 3 张工作表，分别为 Sheet1，Sheet2，Sheet3，用鼠标点击相应的标签就可以激活某一工作表，使之成为当前工作表，即可对其进行操作。

### 1. 插入工作表

选中某个工作表，执行"插入/工作表"命令，新工作表会插入到当前活动工作表的前面；也可以在工作表标签上点击鼠标右键，在弹出的快捷菜单中选择"插入"命令。

### 2. 删除工作表

如果要删除当前工作表，可以执行"编辑/删除工作表"命令，或在要删除的工作表标签上点击鼠标右键，在弹出的快捷菜单中选择"删除"命令。

### 3. 移动工作表

移动工作表可以改变原有工作表的顺序。选中要移动的工作表的标签，如选中 Sheet1 标签，按住鼠标左键沿着标签行拖拽，此时标签行的上面出现一个黑色小三角形，释放鼠标后，Sheet1 被移动到 Sheet3 前面，如图 5—2 所示。

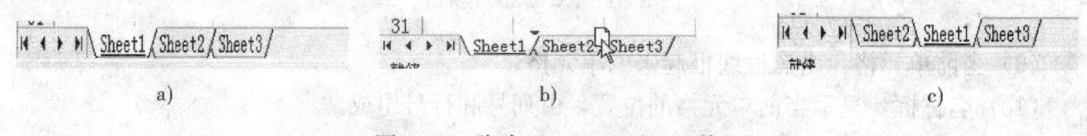

图 5—2 移动 Sheet1 至 Sheet3 前

### 4. 复制工作表

如果几个工作表的结构大致相同，只是有些数据发生变化，可以将已有的工作表复制，然后进行相应修改即可。选中要复制的工作表标签，点击鼠标右键，在弹出的快捷菜单中选择"移动或复制工作表"命令，弹出对话框，如图 5—3 所示，选择合适位置。一定要选中"建立副本"复选框，否则只是移动工作表，单击"确定"即可。

图 5—3 "移动或复制工作表"对话框

**注意**：按住 Ctrl 键拖拽标签，可以直接复制工作表。

### 5. 重命名工作表

为了让用户对工作表能够见名知意，可以重命名工作表名称。方法如下：选中要重新命名的工作表标签，选择"格式/工作表/重命名"菜单命令，或点击鼠标右键，在弹出的快捷菜单中选择"重命名"。此时，标签反白显示，直接输入新的名字，按回车确认。

**注意：** 双击工作表标签，直接输入名称即可重命名。

## 模块二　工作表的编辑及格式化

**学习目标**
1. 掌握数据输入及编辑方法。
2. 掌握公式建立方法。
3. 掌握函数的使用方法。
4. 掌握工作表的格式化操作。

Excel 2003 是一个二维电子表格软件，在一张电子表格中，有行和列的概念。表格的基本单元是单元格。一个单元格在表格中有唯一的地址，是由行号和列号组成。如 A1 表示第 A 列第 1 行的单元格。单元格是用来存放数据的，数据有多种类型。

### 一、数据的输入

**1. 输入数据**

在 Excel 工作表中，有下面几种方法向单元格输入数据：

（1）单击要键入数据的单元格，然后直接输入数据。

（2）双击单元格，单元格内出现插入光标。可以移动光标到适当位置后，再开始输入，这种方法通常用于对单元格内容进行修改。

（3）单击单元格，然后单击编辑栏，可以在编辑栏中编辑或添加单元格中的内容。当用户向活动单元格里输入一个值或一个公式时，输入内容会出现在编辑栏里。即使输入的内容超出了单元格的宽度，单元格中所有的内容也会被显示出来，如图 5—4 所示。

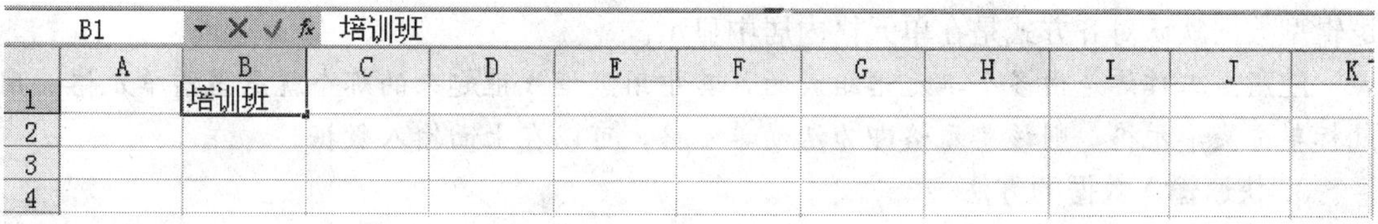

图 5—4　输入数据

**2. 数据类型**

选中一个单元格为当前单元格后，即可向单元格里输入数据。Excel 2003 中数据分为五种类型：字符型、数值型、日期型、时间型、逻辑型。

（1）字符型数据。字符型数据也称为文本型数据。在 Excel 中，字符型数据包括汉字、英文字母、空格等，每个单元格最多可容纳 32 000 个字符。默认情况下，字符数据自动沿单元格左边对齐。当输入的字符串超出了当前单元格的宽度时，如果右边相邻单元格里没有数据，那么字符串会往右延伸；如果右边单元格有数据，超出的那部分数据就会隐藏起来，只有把单元格的宽度变大后才能显示出来。

如果要输入的字符串全部由数字组成，如邮政编码、电话号码、存折账号等，为了避免

Excel把它按数值型数据处理，在输入时可以先输一个单引号"'"（英文符号），再接着输入具体的数字。例如，要在单元格中输入电话号码"62268721"，先连续输入"'62268721"，然后敲回车键，出现在单元格里的就是"62268721"，并自动左对齐。

（2）数值型数据。在Excel中，数值型数据包括0~9中的数字以及含有正号、负号、货币符号、百分号等任一种符号的数据。默认情况下，数值自动沿单元格右边对齐。在输入过程中，有以下两种比较特殊的情况要注意。

负数：在数值前加一个"-"号或把数值放在括号里，都可以输入负数，例如要在单元格中输入"-66"，可以输入"-66"或"(66)"，然后敲回车键都可以在单元格中出现"-66"。

分数：要在单元格中输入分数形式的数据，应先在编辑框中输入"0"和一个空格，然后再输入分数，否则Excel会把分数当作日期处理。例如，要在单元格中输入分数"2/3"，先在编辑框中输入"0"和一个空格，然后输入"2/3"，敲一下回车键，单元格中就会出现分数"2/3"。

（3）日期型数据和时间型数据。在表格中经常需要录入一些日期型的数据，在录入过程中要注意以下几点：

1）输入日期时，年、月、日之间要用"/"号或"—"号隔开，如"2008—3—16"和"2008/3/16"。

2）输入时间时，时、分、秒之间要用冒号隔开，如"10：29：36"。

3）若要在单元格中同时输入日期和时间，日期和时间之间应该用空格隔开。

4）当时间、日期型数据超出单元格宽度时，则显示出错提示"＃＃＃＃＃＃＃"，这时可以将鼠标指针移动到两个列的编号之间的分隔线上，调整列宽，以便显示出余下的数据。

5）按组合键Ctrl+；，可以快速输入当前日期；按组合键Ctrl+Shift+；，可以快速输入当前时间。

（4）逻辑型数据。逻辑型数值只有两个："TRUE"表示真，"FALSE"表示假。显示逻辑型数据默认对齐方式是在单元格内居中显示。

**注意：** 工作簿是由多个单元格组成的，其中用黑框线框起来的那个就是当前单元格。用鼠标单击某单元格，则该单元格即为活动单元格，可以在上面输入数据。

**3. 快速输入数据的方法**

（1）相同数据的填充：在当前单元格框线右下角有个实心的黑点，称为填充柄。如图5—5所示。如果要输入相同文本的单元格是连续的，可先向第一个单元格中输入该文本，将鼠标放在填充柄上，变成+字形，然后用鼠标向右或向下拖动"填充柄"，如图5—6所示，释放鼠标后，该数据将被复制到其他连续单元格中，如图5—7所示。

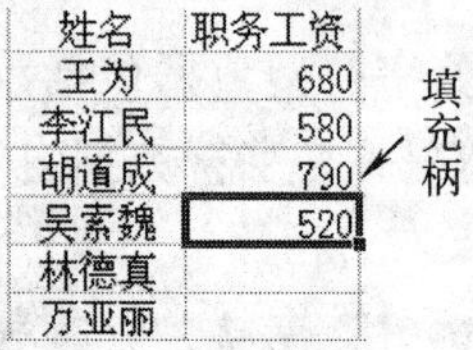

图5—5 填充柄 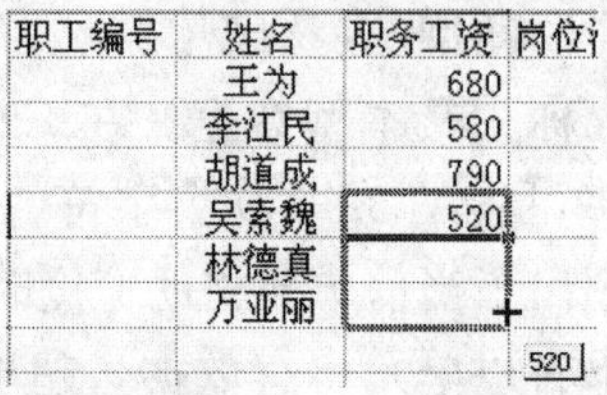　　图5—6 向下拖动填充柄 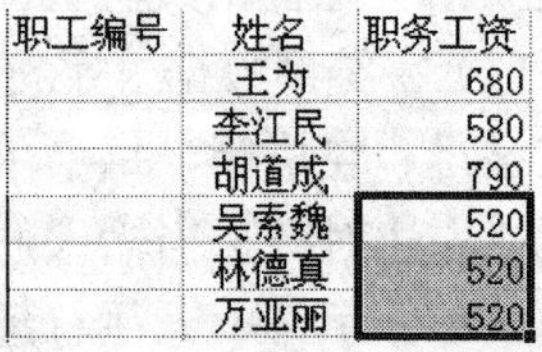　　图5—7 填充后的单元格

（2）等差序列的填充：如职工编号的输入，也可以使用填充柄完成。输入前两个职工的

编号如 4001，4002，用鼠标选中两个单元格，如图 5—8 所示，然后用鼠标向下拖动填充柄，释放鼠标后，即可完成职工编号的录入，如图 5—9 所示。

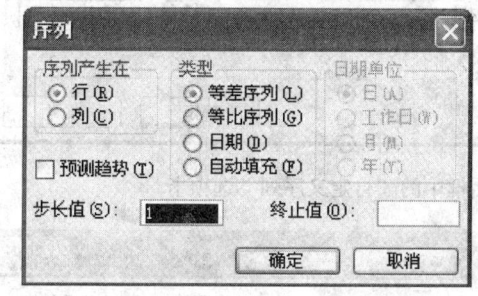

图 5—8　选中两个单元格　　　　　　图 5—9　等差序列的填充

（3）等比序列的填充：例如在单元格 A1 中输入数据 2，再选定 A1：A4 区域，选择"编辑/填充/序列…"菜单命令，弹出序列对话框，如图 5—10 所示。选择序列产生在"列"，类型为"等比序列"，步长值为 2，单击"确定"按钮，如图 5—11 所示。

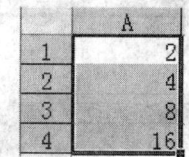

图 5—10　"序列"对话框　　　　　　图 5—11　等比序列的填充

**注意**：等差序列的填充的填充也可以通过菜单命令完成。

（4）自动填充序列：具有逻辑判断能力，如：输入"星期一"，拖动填充柄，扩展序列为"星期二"至"星期日"，如图 5—12 所示。

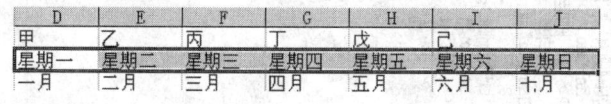

图 5—12　自动填充序列

（5）自定义序列：建立自定义序列的方法：选择"工具/选项…"命令，弹出"选项"对话框，打开"自定义序列"选项卡，如图 5—13 所示。在"自定义序列"栏中是已经定义好的序列，在"输入序列"文本框中，输入所需要的序列，如"办公室"、"技术部"、"销售部"、"财务部"等，单击"添加"按钮，建立新的序列，如图 5—14 所示。

**注意**：在每一个序列元素输入后，必须按回车键，否则无法建立正常的序列。

建立一个新的序列后，就可以用来进行序列的填充。方法参照自动填充序列。在 C4 单元格输入"办公室"，然后使用填充柄，如图 5—15 所示。

## 二、数据的编辑

### 1. 修改数据

选择要修改数据的单元格，用鼠标单击编辑栏中的数据，或双击单元格，此时编辑栏中出现一个闪烁的光标。移动光标到要修改之处，输入新的数据，单击"输入"按钮或按回车键即可。

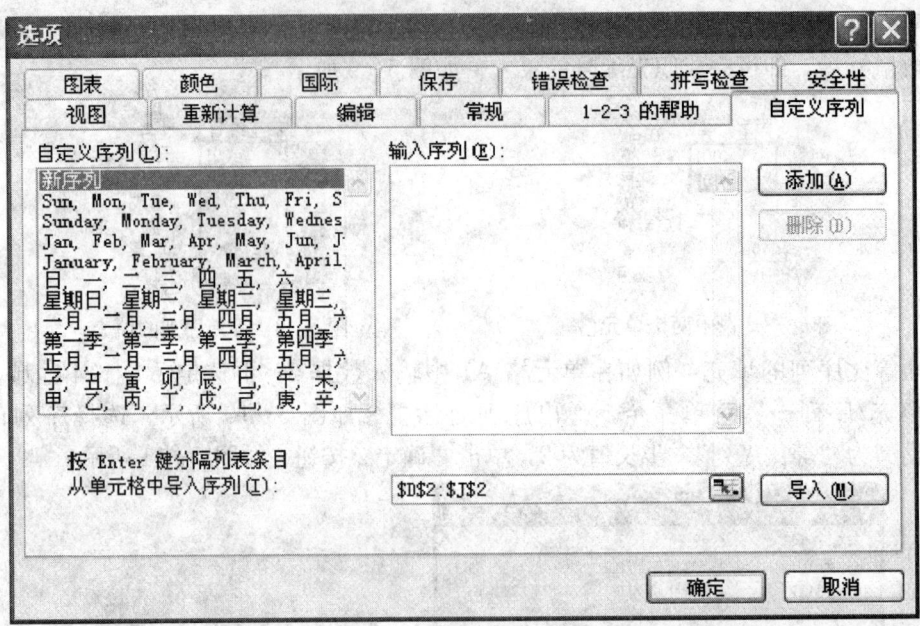

图 5—13 "选项"对话框中的"自定义序列"选项卡

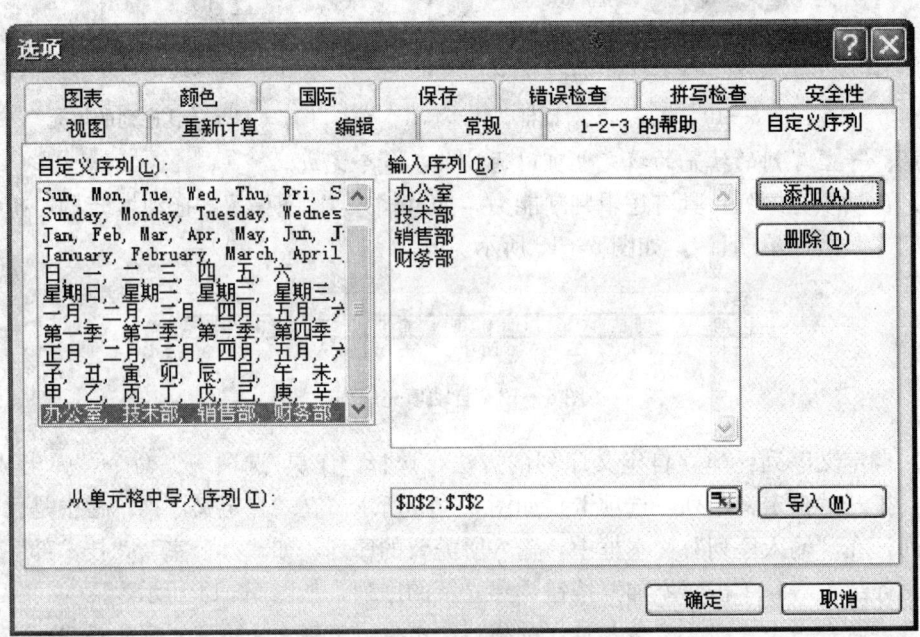

图 5—14 添加新的序列

图 5—15 "自定义序列"的填充

**2. 清除单元格**

清除单元格的操作步骤如下：

（1）用鼠标单击选择要清除的单元格，要清除的单元格四周出现一个黑色的方框。

（2）执行"编辑/清除"命令，弹出子菜单，如图 5—16 所示。

（3）单击"全部"，清除格式和内容。

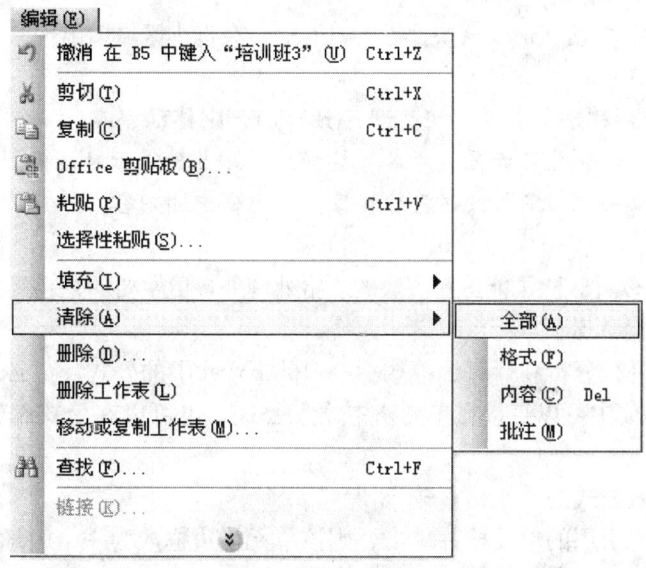

图 5—16　"编辑/清除"菜单命令

**注意**：删除数据（清除单元格）和删除单元格不同，清除单元格只是从工作表中移去了单元格中的内容，单元格本身还留在工作表上，按 Delete 键完成；而删除单元格则是将选定的单元格从工作表中移去，同时相邻单元格作出相应的位置调整。要删除单元格，先选定要删除的单元格，执行"编辑/删除"命令。

**3. 复制数据**

同一张工作表中，如果某一区域中的数据和另一区域的数据相同，就可以把它直接复制到目标区域。

复制数据的操作步骤如下：

（1）选定要复制的单元格。

（2）执行"编辑/复制"命令（快捷键为 Ctrl＋C），在选中区域内将出现一个不停转动的虚框，如图 5—17 所示。

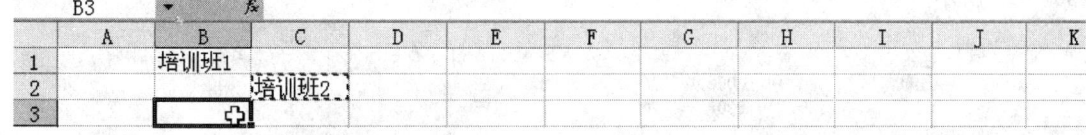

图 5—17　复制单元格

（3）找到目标单元格，并将其选中。

（4）执行"编辑/粘贴"命令（快捷键 Ctrl＋V），就会看到复制后的结果。

**注意**：选中单元格，当鼠标变为形状时，按住 Ctrl 键后，拖动鼠标左键至目标单元格处，完成复制单元格。

**4. 移动数据**

操作步骤如下：

（1）选择要移动数据的区域。

（2）执行"编辑/剪切"命令（快捷键 Ctrl+X），在选中区域内出现一个不停转动的虚框。

（3）找到目标单元格，并将其选中。

（4）执行"编辑/粘贴"命令（快捷键 Ctrl+V），则移动完成。

**注意**：在移动时，如果目标区域原本有数据，屏幕上会显示对话框，询问是否用新数据替代原来的数据，单击"确定"按钮将替换目标单元格中的内容。

## 三、建立公式

Excel 电子表格软件，除了能进行一般的表格处理外，更主要的是它具有数据计算功能。

**1. 向单元格中输入公式**

公式是对数据进行分析和计算的等式。一般的 Excel 中的公式，都必须以符号"＝"或"＋"开始。在 Excel 中可以直接在单元格中输入公式，也可以在公式编辑栏中直接输入公式，具体步骤如下：

（1）选择要输入公式的单元格，输入"＝"。

（2）然后选择要引用的单元格并单击，则该单元格边框成为一个闪烁的虚线框，而且该单元格的名称出现在单元格和公式编辑栏中。

（3）输入运算符号，如"＋、－、*、/"等，则被引用的单元格虚线边框消失，状态栏显示输入状态。

（4）输入完毕后按回车键即可。

向单元格中输入公式，如图 5—18 所示，按回车键后，单元格中会显示出计算的结果。

| | A | B | C | D | E | F | G | H | I | J | K | L |
|---|---|---|---|---|---|---|---|---|---|---|---|---|
| 1 | 职工编号 | 姓名 | 职务工资 | 岗位津贴 | 交通费 | 独生子女费 | 书报费 | 补公积金 | 实发工资 | 扣公积金 | 个人所得税 | 应发工资 |
| 2 | 4001 | 王为 | 680 | 1000 | 40 | 5 | 15 | 360 | =C2+D2+E2+F2 | | | |
| 3 | 4002 | 李江民 | 580 | 900 | 40 | 5 | 15 | 350 | | 700 | | |
| 4 | 4003 | 胡道成 | 790 | 1200 | 60 | 5 | 20 | 390 | | 780 | | |
| 5 | 4004 | 吴素魏 | 530 | 800 | 30 | | 15 | 300 | | 400 | | |
| 6 | 4005 | 林德真 | 530 | 800 | 30 | | 15 | 300 | | 400 | | |
| 7 | 4006 | 万亚丽 | 530 | 800 | 30 | | 15 | 300 | | 400 | | |

图 5—18　向单元格中输入公式

同一列使用同样的公式计算，可以使用填充柄将公式复制到同一列的其他单元格中，如图 5—19 所示。

| | A | B | C | D | E | F | G | H | I | J | K | L |
|---|---|---|---|---|---|---|---|---|---|---|---|---|
| 1 | 职工编号 | 姓名 | 职务工资 | 岗位津贴 | 交通费 | 独生子女费 | 书报费 | 补公积金 | 实发工资 | 扣公积金 | 个人所得税 | 应发工资 |
| 2 | 4001 | 王为 | 680 | 1000 | 40 | 5 | 15 | 360 | 2100 | 840 | | |
| 3 | 4002 | 李江民 | 580 | 900 | 40 | 5 | 15 | 350 | 1890 | 700 | | |
| 4 | 4003 | 胡道成 | 790 | 1200 | 60 | 5 | 20 | 390 | 2465 | 780 | | |
| 5 | 4004 | 吴素魏 | 530 | 800 | 30 | | 15 | 300 | 1675 | 400 | | |
| 6 | 4005 | 林德真 | 530 | 800 | 30 | | 15 | 300 | 1675 | 400 | | |
| 7 | 4006 | 万亚丽 | 530 | 800 | 30 | | 15 | 300 | 1675 | 400 | | |

图 5—19　使用填充柄复制公式

## 2. 修改公式

公式创建后，可对单元格的公式进行修改、删除等操作。具体步骤如下：

（1）双击公式所在的单元格，使之处于编辑状态。此时在单元格和公式编辑栏中会看到要修改的公式。

（2）移动单元格中的光标，使用 Delete 键或 BackSpace 键删除多余的元素或直接输入缺少的元素。按回车键即可完成公式的修改等操作。

## 四、函数的使用

Excel 提供了丰富的内置函数，大大增强了处理工作表数据的能力，同时也大大提高了计算的速度和精度。

### 1. 常用函数

在 Excel 2003 中，提供了多种函数：数学与三角函数、日期与时间函数、财务函数、统计函数、文本函数等，其中常用的函数有 SUM 函数、AVERAGE 函数等。

每一类函数的操作针对不同的对象，用途和语法都不一样。如果对某一类函数感兴趣，可以在 Excel 2003 的联机帮助中查看函数的功能和语法。方法是在 Excel 2003 的联机帮助的索引卡片中查找"函数，工作函数索引"，然后进行查看即可。

### 2. 函数的使用

为了方便地使用函数功能，Excel 2003 提供了"插入函数"的功能，使用"插入函数"的功能不需要了解函数的语法，只需根据"插入函数"对话框的提示进行操作。

用函数计算如图 5—20 所示的"学生成绩表"中的总分和平均分。

|   | A | B | C | D | E | F | G |
|---|---|---|---|---|---|---|---|
| 1 | 学号 | 姓名 | 计算机 | 数学 | 英语 | 总分 | 平均分 |
| 2 | 2007001 | 赵伟 | 70 | 81 | 65 |   |   |
| 3 | 2007002 | 田野 | 87 | 89 | 68 |   |   |
| 4 | 2007003 | 李伟 | 90 | 93 | 79 |   |   |
| 5 | 2007004 | 李样 | 92 | 86 | 82 |   |   |
| 6 | 2007005 | 刘涛 | 78 | 77 | 55 |   |   |

图 5—20　学生成绩表

（1）计算总分

操作步骤如下：

1）选择 F2 单元格。

2）执行"插入/函数"菜单命令，或者单击"常用"工具栏或编辑栏上的"插入函数"按钮，这时屏幕上弹出一个对话框，如图 5—21 所示。

对话框中有两个列表框，一个是函数类别，一个是函数名称。首先需要先对函数分类进行选择，如选择"常用函数"，在函数名称列表中选择使用的函数，选择 SUM，同时列表框的下面显示出该函数的参数和函数功能。

3）选择"确定"按钮，弹出"函数参数"对话框，如图 5—22 所示。

4）单击 Number1 右侧的按钮，原来的对话框如图 5—23 所示。

**注意**：如果 Number1 中给出数据就是要进行运算的数据，可以直接点击"确定"完成运算。

5）用鼠标选择需要求和的数据，如图 5—24 所示，选择 C2：E2 区域。

6）单击图 5—23"函数参数"对话框右侧的按钮，返回到图 5—22 所示的状态，单击"确定"按钮，完成计算。这时可以使用填充柄，完成其他总分的求和，如图 5—25 所示。

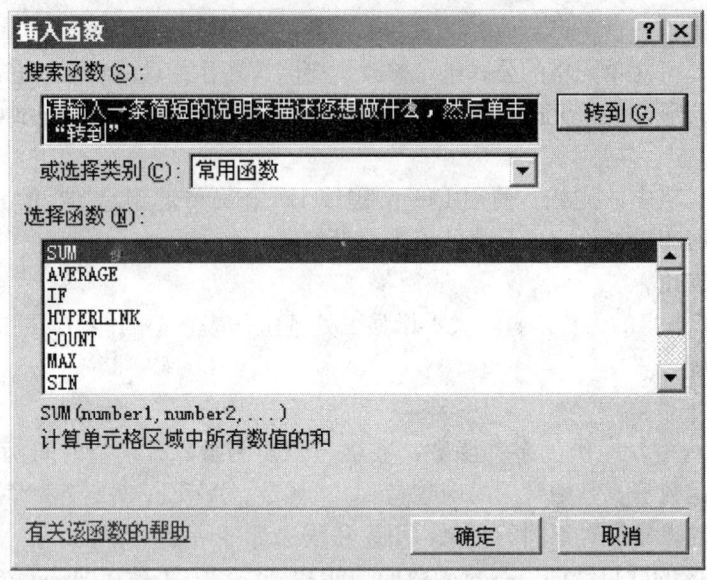

图 5—21 "插入函数"对话框

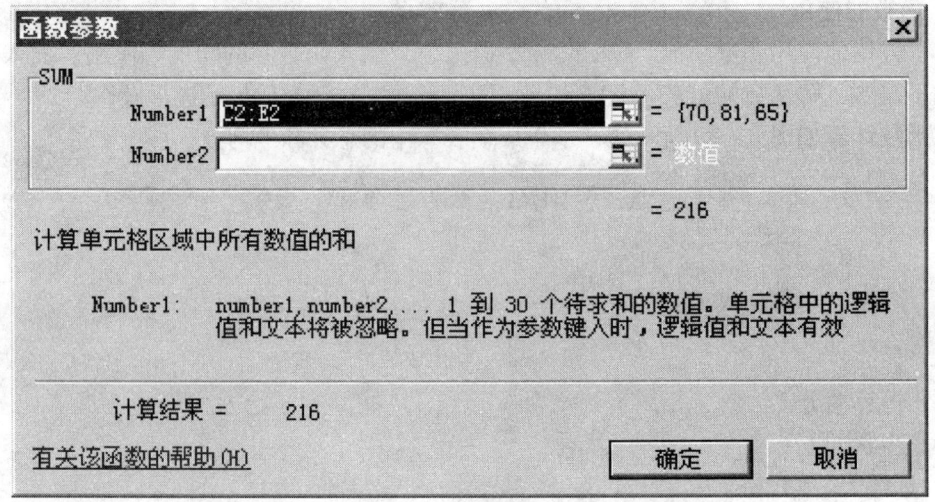

图 5—22 "函数参数"对话框

图 5—23 "函数参数"对话框

(2) 计算平均分

操作步骤和计算总分步骤相似:

1) 选择 G2 单元格。

2) 点击"插入函数"按钮,在弹出的插入函数对话框中选择"AVERAGE",如图 5—26 所示。

3) 单击"确定"按钮,弹出一个对话框,如图 5—27 所示。

|   | A | B | C | D | E | F | G |
|---|---|---|---|---|---|---|---|
| 1 | 学号 | 姓名 | 计算机 | 数学 | 英语 | 总分 | 平均分 |
| 2 | 2007001 | 赵伟 | 70 | 81 | 65 | C2:E2) | |
| 3 | 2007002 | 田野 | 87 | 89 | 68 | | |
| 4 | 2007003 | 李伟 | 90 | 93 | 79 | | |
| 5 | 2007004 | 李样 | 92 | 86 | 82 | | |
| 6 | 2007005 | 刘涛 | 78 | 77 | 55 | | |

图 5—24　用鼠标选择区域

|   | A | B | C | D | E | F | G |
|---|---|---|---|---|---|---|---|
| 1 | 学号 | 姓名 | 计算机 | 数学 | 英语 | 总分 | 平均分 |
| 2 | 2007001 | 赵伟 | 70 | 81 | 65 | 216 | |
| 3 | 2007002 | 田野 | 87 | 89 | 68 | 244 | |
| 4 | 2007003 | 李伟 | 90 | 93 | 79 | 262 | |
| 5 | 2007004 | 李样 | 92 | 86 | 82 | 260 | |
| 6 | 2007005 | 刘涛 | 78 | 77 | 55 | 210 | |

图 5—25　完成"总分"的计算

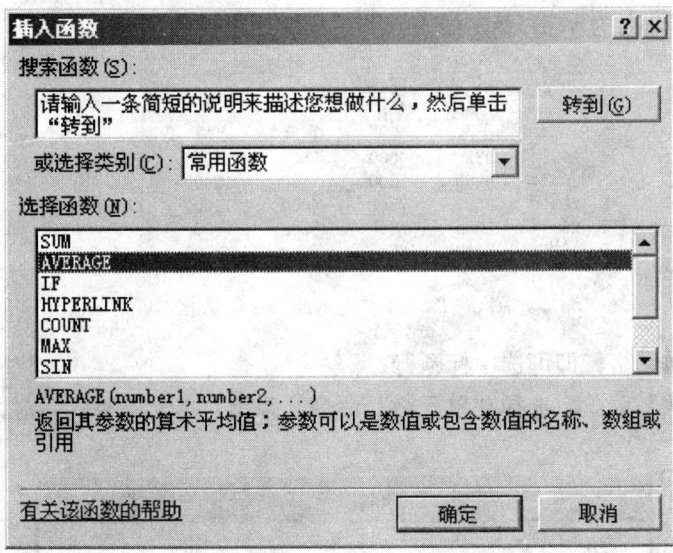

图 5—26　选择 AVERAGE 函数

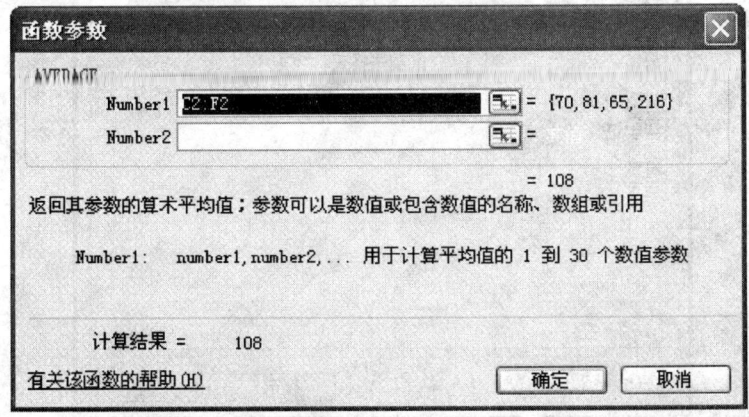

图 5—27　"函数参数—AVERAGE"对话框

4）单击参数 Number1 按钮，重新选择参数区域（C2：E2），计算结果如图 5—28 所示。

| | A | B | C | D | E | F | G |
|---|---|---|---|---|---|---|---|
| 1 | 学号 | 姓名 | 计算机 | 数学 | 英语 | 总分 | 平均分 |
| 2 | 2007001 | 赵伟 | 70 | 81 | 65 | 216 | 72 |
| 3 | 2007002 | 田野 | 87 | 89 | 68 | 244 | 81.33333 |
| 4 | 2007003 | 李伟 | 90 | 93 | 79 | 262 | 87.33333 |
| 5 | 2007004 | 李样 | 92 | 86 | 82 | 260 | 86.66667 |
| 6 | 2007005 | 刘涛 | 78 | 77 | 55 | 210 | 70 |

图 5—28　完成平均分的计算

### 五、格式化工作表

**1. 单元格数据格式的设置**

操作步骤：

（1）字体的设置

新建工作表，命名为 yeji.xls，输入如图 5—29 所示的数据。

| | A | B | C | D | E | F |
|---|---|---|---|---|---|---|
| 1 | 2002-2005年各分公司业绩 | | | | | |
| 2 | | | | | | |
| 3 | | 天津 | 成都 | 重庆 | 上海 | 广州 |
| 4 | 2002年 | 4320 | 4600 | 2500 | 12000 | 8000 |
| 5 | 2003年 | 5200 | 5300 | 3600 | 12400 | 9200 |
| 6 | 2004年 | 8600 | 7500 | 4000 | 11000 | 10050 |
| 7 | 2005年 | 10050 | 8600 | 5500 | 9000 | 12000 |
| 8 | 平均 | 7042.5 | 6500 | 3900 | 11100 | 9812.5 |

图 5—29　工作表 yeji.xls 的数据

1）单击 A1 单元格，即可选中标题行。

2）单击"格式"菜单，选择"单元格"命令，弹出"单元格格式"对话框，如图 5—30 所示。

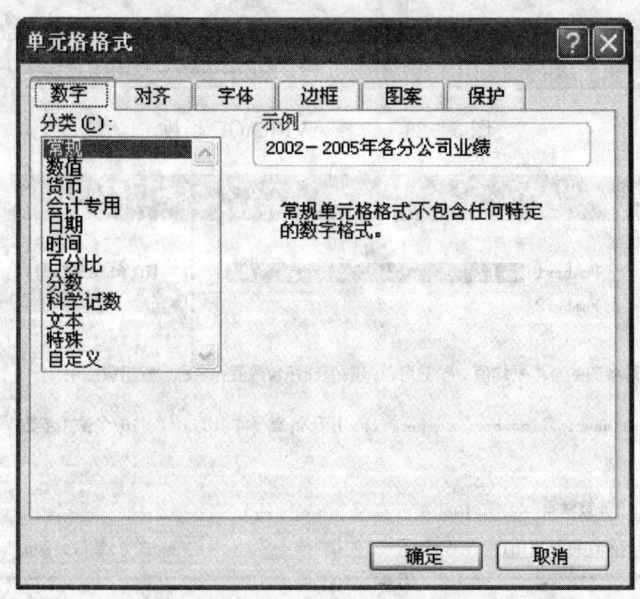

图 5—30　"单元格格式"对话框

3）选择"字体"标签，分别设置字体为楷体，字号为20，字形加粗，颜色为红色，如图5—31所示。单击"确定"，完成对标题的设置，如图5—33所示。

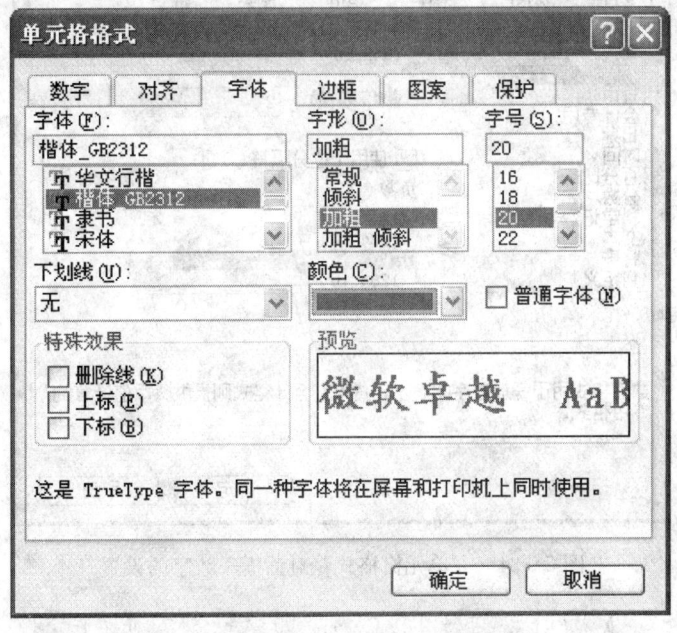

图5—31 "单元格格式"对话框中的"字体"设置

4）选择要设置格式的单元格区域，B3：F3区域。可以参照步骤3完成如下设置，设置字体为隶书，字形加粗，字号为16，颜色为蓝色。也可以使用"格式"工具栏的按钮如图5—32所示，完成设置，"格式"工具栏的使用方法和word 2003"格式"工具栏的使用方法相似。

图5—32 "格式"工具栏中的"字体"设置按钮

5）同样，设置A2：A8，字体为隶书，字形加粗，字号为12。设置后的工作表数据如图5—33所示。

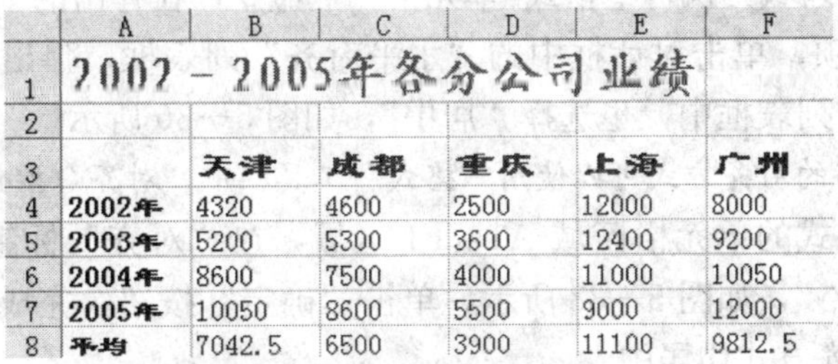

|   | A | B | C | D | E | F |
|---|---|---|---|---|---|---|
| 1 | 2002－2005年各分公司业绩 | | | | | |
| 2 | | | | | | |
| 3 | | 天津 | 成都 | 重庆 | 上海 | 广州 |
| 4 | 2002年 | 4320 | 4600 | 2500 | 12000 | 8000 |
| 5 | 2003年 | 5200 | 5300 | 3600 | 12400 | 9200 |
| 6 | 2004年 | 8600 | 7500 | 4000 | 11000 | 10050 |
| 7 | 2005年 | 10050 | 8600 | 5500 | 9000 | 12000 |
| 8 | 平均 | 7042.5 | 6500 | 3900 | 11100 | 9812.5 |

图5—33 设置字体后的单元格数据

(2) 数字的设置

1）选择B8：F8区域，执行"格式/单元格"命令，在弹出的"单元格格式"对话框中，选择"数值"选项，"小数位数"选小数点后2位，如图5—34所示。

2）单击"确定"按钮，则设置区域的数据保留小数点后2位，如图5—35所示。

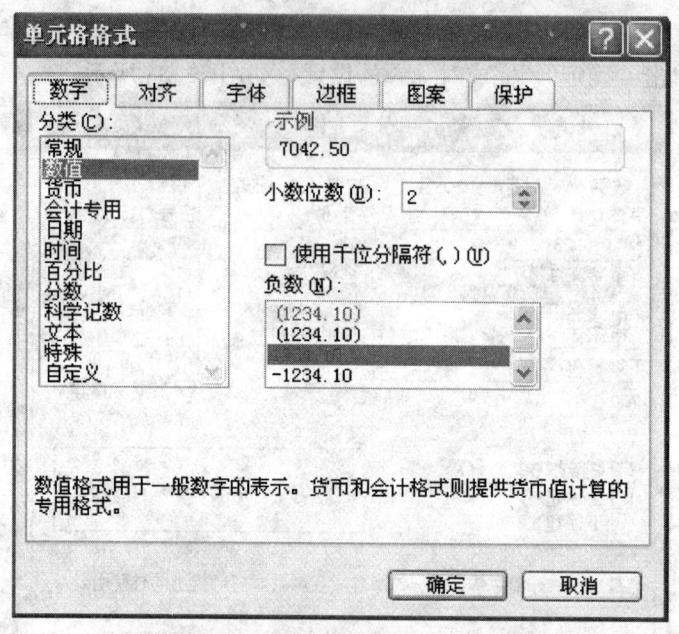

图 5—34 "单元格格式"对话框—数字的设置

|   | A | B | C | D | E | F |
|---|---|---|---|---|---|---|
| 1 | 2002－2005年各分公司业绩 | | | | | |
| 2 | | | | | | |
| 3 | | 天津 | 成都 | 重庆 | 上海 | 广州 |
| 4 | 2002年 | 4320 | 4600 | 2500 | 12000 | 8000 |
| 5 | 2003年 | 5200 | 5300 | 3600 | 12400 | 9200 |
| 6 | 2004年 | 8600 | 7500 | 4000 | 11000 | 10050 |
| 7 | 2005年 | 10050 | 8600 | 5500 | 9000 | 12000 |
| 8 | 平均 | 7042.50 | 6500.00 | 3900.00 | 11100.00 | 9812.50 |

图 5—35 数字的设置

**注意**：在"数字"标签中，还可以设置百分比、货币、时间和日期等数值数据的设置。

（3）单元格对齐方式的设置

1）选择 A3：F8 区域，执行"格式/单元格…"命令，在弹出的"单元格格式"对话框中，选择"对齐"选项，单击对话框中的"水平对齐"列表框，弹出下拉列表，选择"居中"。在"垂直对齐"列表框中，也选择"居中"，如图 5—36 所示。

**注意**：设置单元格的对齐方式可以使用"格式"工具栏中"对齐"按钮，如图 5—37 所示。

2）选择要设置格式的单元格区域 A1：F1 区域，在"对齐"标签中，在"文本控制"处，选择"合并单元格"，如图 5—38 所示，单击"确定"按钮，完成单元格的合并。设置的标题水平和垂直对齐方式均居中。

3）对齐方式设置后，工作表中的数据如图 5—39 所示。

（4）设置行高和列宽

1）选择需要调整行高的行，即单击第 1 行行首，执行"格式/行/行高…"命令，在弹出的"行高"对话框中，输入合适的磅值，如 30，如图 5—40 所示。单击"确定"按钮，即可完成设置。

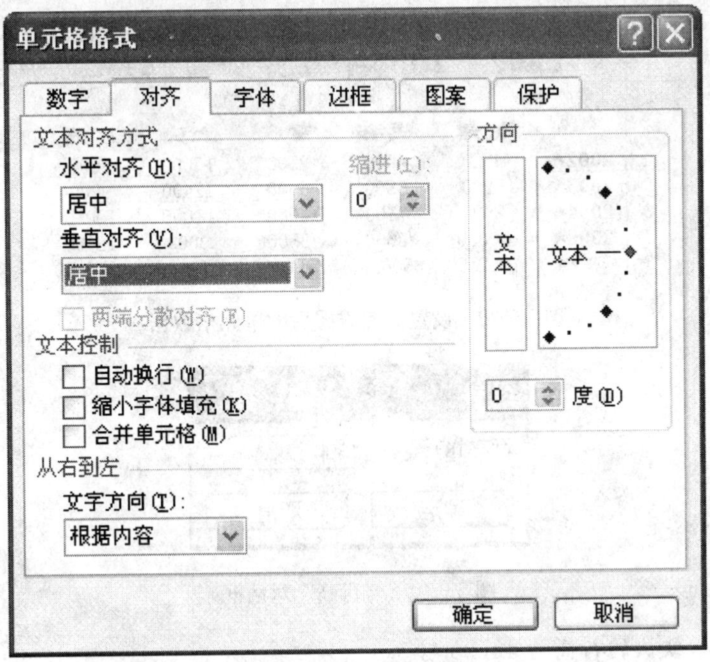

图 5—36 "单元格格式"对话框中"对齐方式"的设置

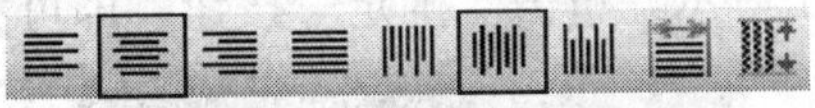

图 5—37 "格式"工具栏中"对齐方式"设置按钮

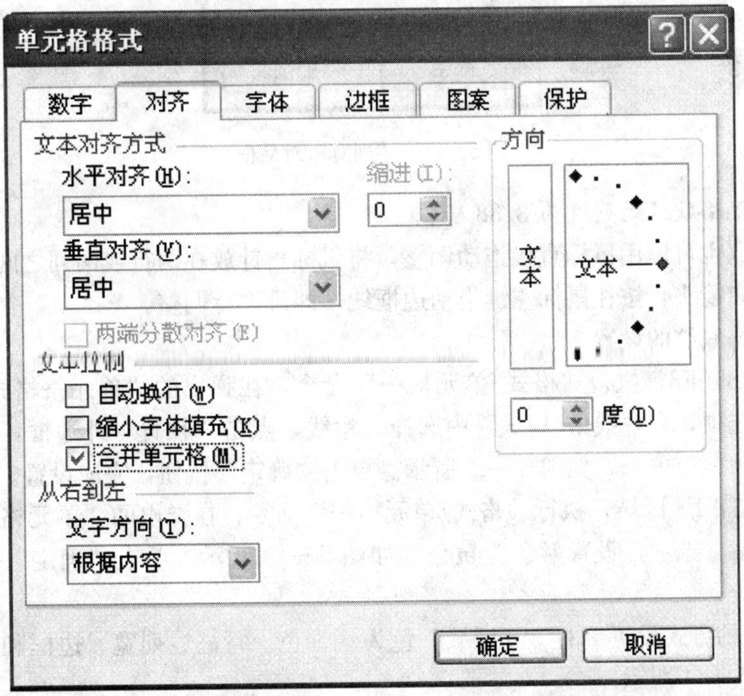

图 5—38 "单元格格式"对话框中的"合并单元格"的设置

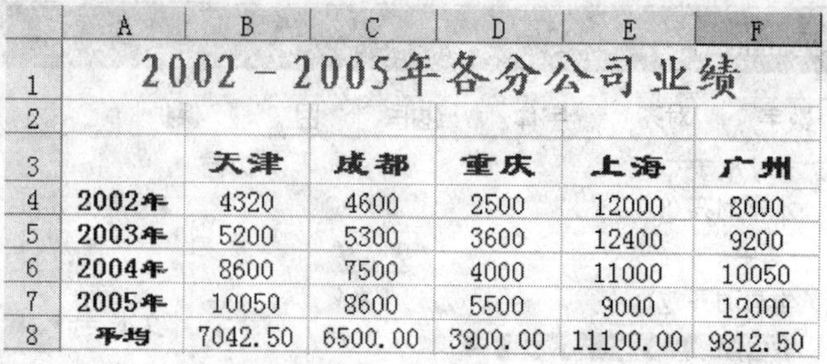

|   | A | B | C | D | E | F |
|---|---|---|---|---|---|---|
| 1 | 2002－2005年各分公司业绩 ||||||
| 2 | | | | | | |
| 3 | | 天津 | 成都 | 重庆 | 上海 | 广州 |
| 4 | 2002年 | 4320 | 4600 | 2500 | 12000 | 8000 |
| 5 | 2003年 | 5200 | 5300 | 3600 | 12400 | 9200 |
| 6 | 2004年 | 8600 | 7500 | 4000 | 11000 | 10050 |
| 7 | 2005年 | 10050 | 8600 | 5500 | 9000 | 12000 |
| 8 | 平均 | 7042.50 | 6500.00 | 3900.00 | 11100.00 | 9812.50 |

图5—39 设置对齐方式后的单元格数据

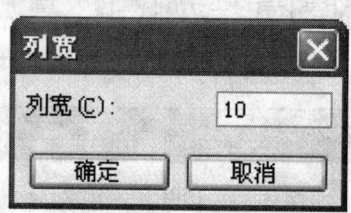

图5—40 "行高"对话框

**注意**：单元格默认的行高为14.25磅。

2）选择B3：F8，执行"格式/列/列宽…"命令，在弹出的"列宽"对话框中，输入合适的磅值，如10。如图5—41所示，单击"确定"按钮，即可完成设置。

图5—41 "列宽"对话框

**注意**：单元格默认的列宽为8.38磅。

行高和列宽也可以用鼠标直接拖动调整，将鼠标指针放在两行或两列之间的分隔线，此时鼠标变为双向箭头，按住鼠标左键拖动边框线，即可进行调整。

（5）边框、底纹的设置

1）选择A3：F8，执行"格式/单元格…"命令，在弹出的"单元格格式"对话框中，选择"边框"选项，在"线条/样式"中选择一粗线，点击"预置"外边框，然后再选择一细线，点击"预置"内部，如图5—42所示。单击"确定"按钮，完成设置。

2）选择B3：F3区域，执行"格式/单元格…"命令，在弹出的"单元格格式"对话框中，选择"图案"选项，设置颜色为黄色；如图5—43所示。单击"确定"按钮，完成设置。

3）用同样的方式设置A3：A8区域颜色为淡绿色。行高、列宽、边框和底纹设置后的表格数据如图5—44所示。

**2. 自动套用格式**

对一个单元格区域或整个工作表应用内部组合格式，称为自动套用格式。Excel 2003 提

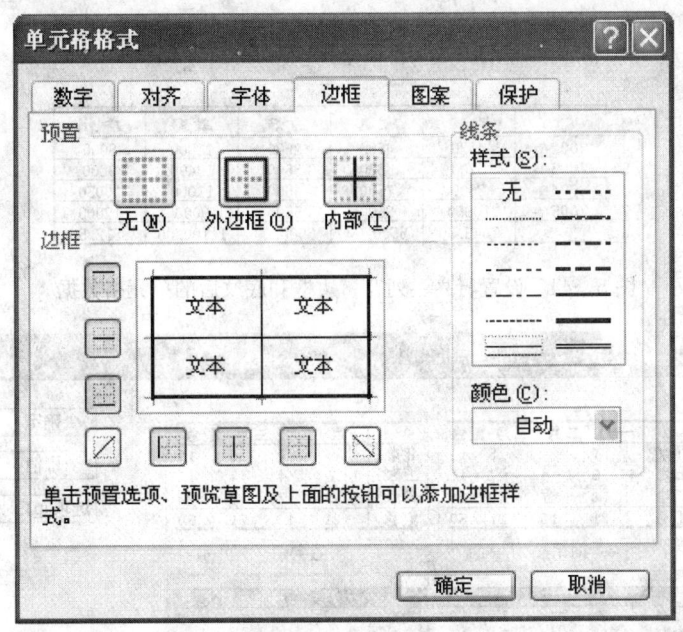

图 5—42 "单元格格式"对话框中边框的设置

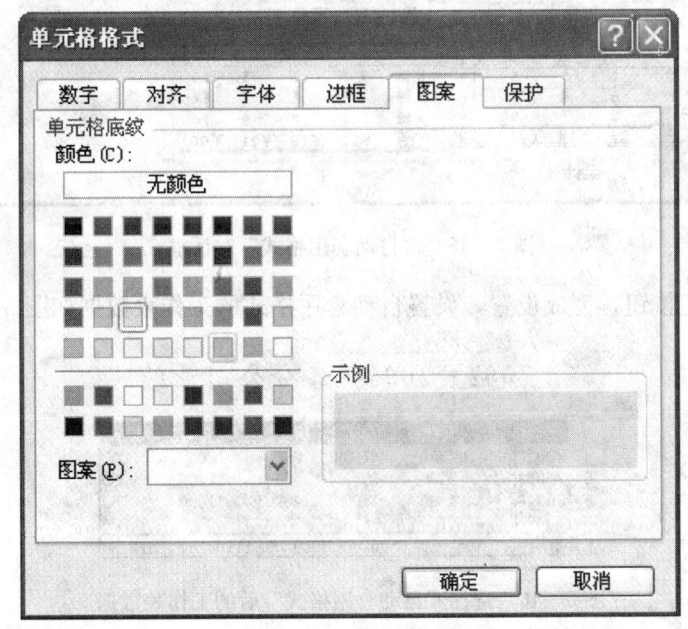

图 5—43 "单元格格式"对话框中图案的设置

供了 16 种自动套用格式,在各种套用格式中包括了数字格式、字体、颜色、对齐方式、图案、边框等。

使用工作表的自动套用格式的步骤如下:

(1) 选定要使用自动套用格式的数据区域,如选择表 yeji.xls 中的 A3:F8 区域。

(2) 选择"格式/自动套用格式"菜单命令,弹出"自动套用格式"对话框,如图 5—45 所示,在"格式"列表框中选择一种,如选择"古典 3"。

· 119 ·

图5—44 设置行高、列宽、边框和底纹后的单元格数据

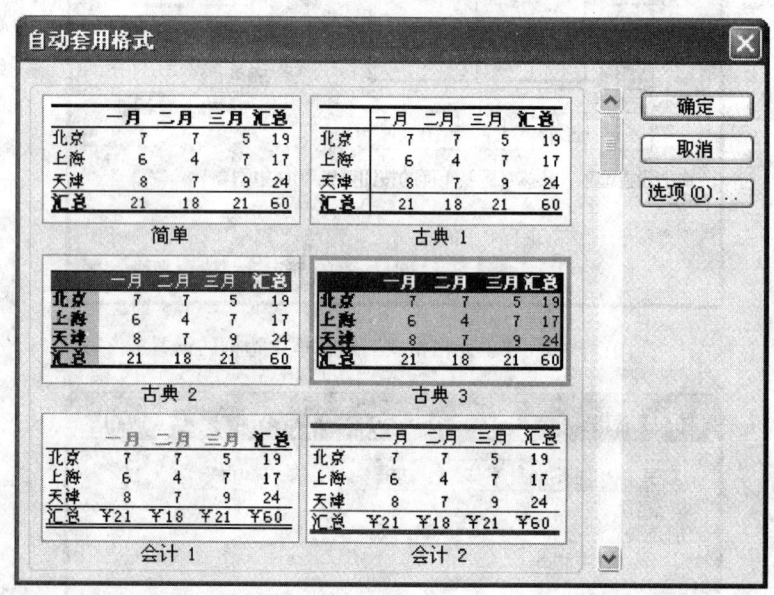

图5—45 "自动套用格式"对话框

（3）单击确定按钮，完成设置，设置自动套用格式的工作表数据如图5—46所示。

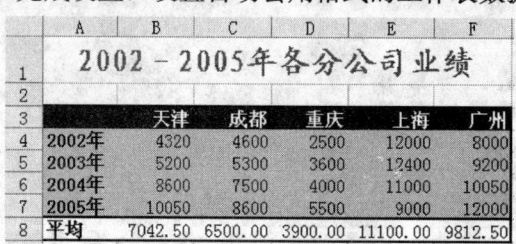

图5—46 选择"自动套用格式"后的工作表数据

# 模块三　Excel图表的使用

**学习目标**

1. 掌握图表的插入方法。
2. 掌握图表的编辑方法。

3. 掌握图表的修饰操作。

## 一、建立图表

图表就是用图形的方式来表现数字间的对比关系，这样会使数字间的对比更为直观，分析也更为方便。Excel 2003 为用户提供的图表工具可以方便地生成各种图表。Excel 2003 中的各种图表都可以用"常用"工具栏上的"图表向导"按钮建立。通过图表向导，用户可以根据各个对话框中提供的选项，设置自己需要的图表形式，完成图表的创建工作。

1. 选择数据源。可以选择所有数据，也可以选择部分数据。本例中选择表中所有数据，如图 5—47 所示。

|  | 销售情况统计表(第四季度) | | |
|---|---|---|---|
|  | 十月 | 十一月 | 十二月 |
| 部门一 | 184 | 158 | 200 |
| 部门二 | 176 | 169 | 180 |
| 部门三 | 138 | 147 | 160 |

图 5—47 选择所有数据

2. 运行图表向导。单击工具栏上的"图表向导"按钮，或者选择"插入/图表"菜单命令，打开如图 5—48 所示的"图表类型"对话框，选择一种图表类型。如选择"柱形图"中的第一个"簇状柱形图"。

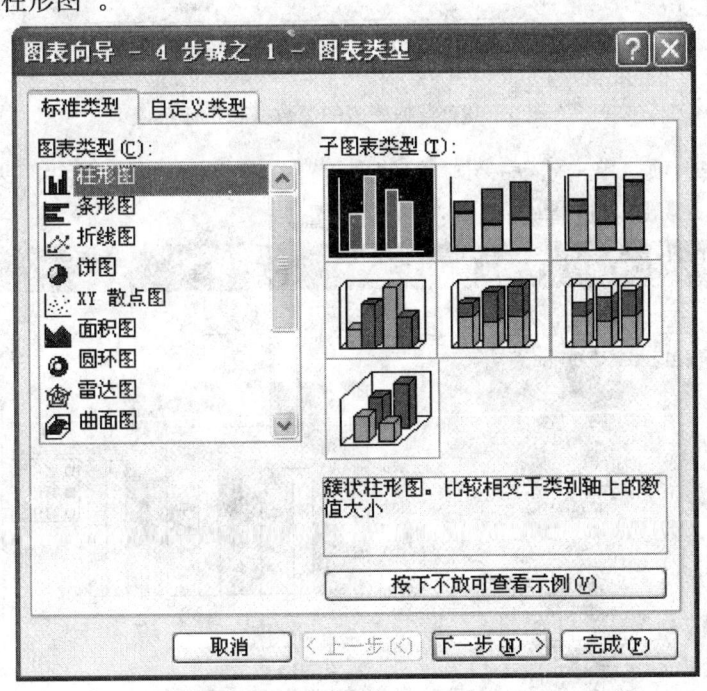

图 5—48 "图表类型"对话框

**注意**：柱形图的主要用途为显示或比较多个数据组。子类型中包括簇状柱形图和堆积柱形图，默认使用的是簇状柱形图。

3. 单击"下一步"按钮，打开图 5—49 所示的"图表源数据"对话框。由于在步骤 1 中已选定了源数据，因此源数据自动出现在对话框中。在这个对话框中，还可以设置是以表格的行还是列作为图表的横坐标。默认情况下是以行为横坐标的。

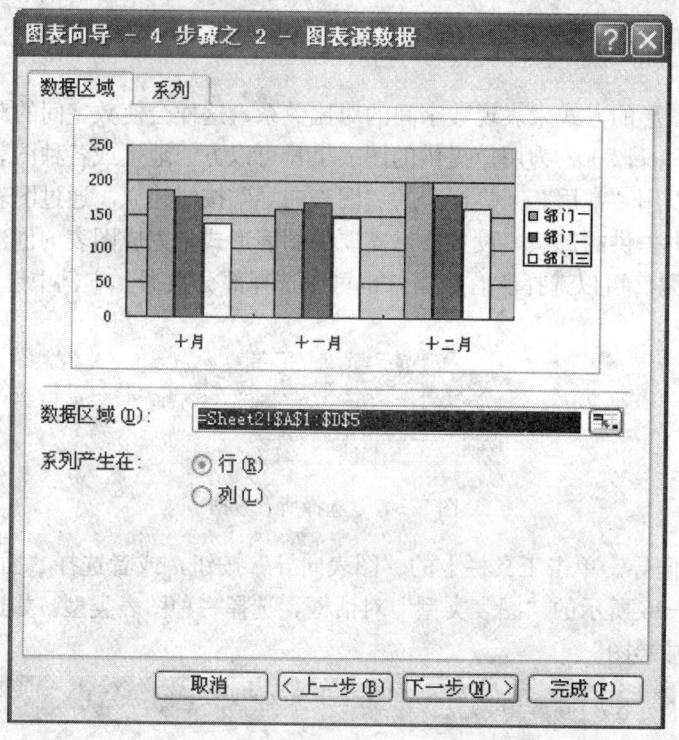

图 5—49 选择图表的源数据和坐标系

4. 设定图表选项。单击"下一步"按钮,打开如图 5—50 所示的"图表选项"对话框。用户可以在此输入标题,进行坐标轴的调整等设置。

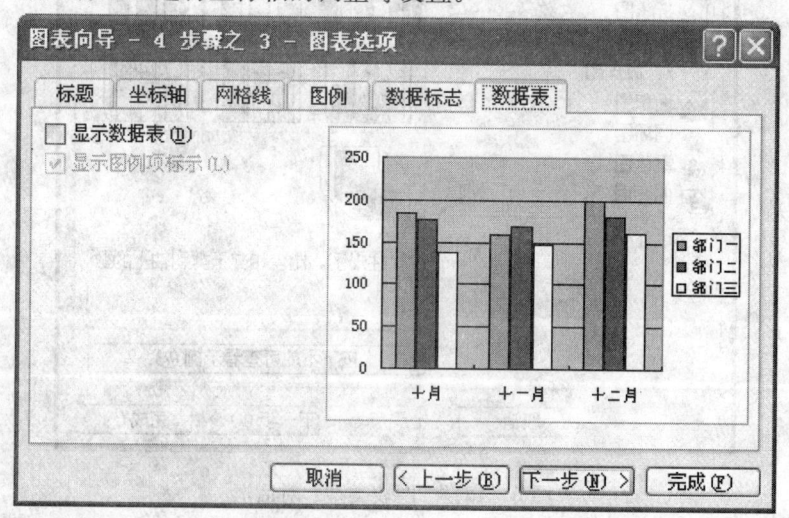

图 5—50 "图表选项"对话框

5. 选择图表位置。用户可以根据需要,选择将这张图表放在新工作表中,还是嵌入当前工作表中,如图 5—51 所示,选择"作为其中的对象插入",选定后,单击"完成"按钮,完成图表的建立,效果如图 5—52 所示。

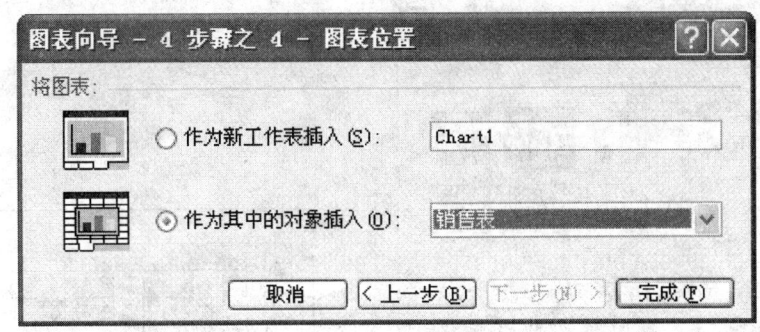

图5—51 选择图表位置

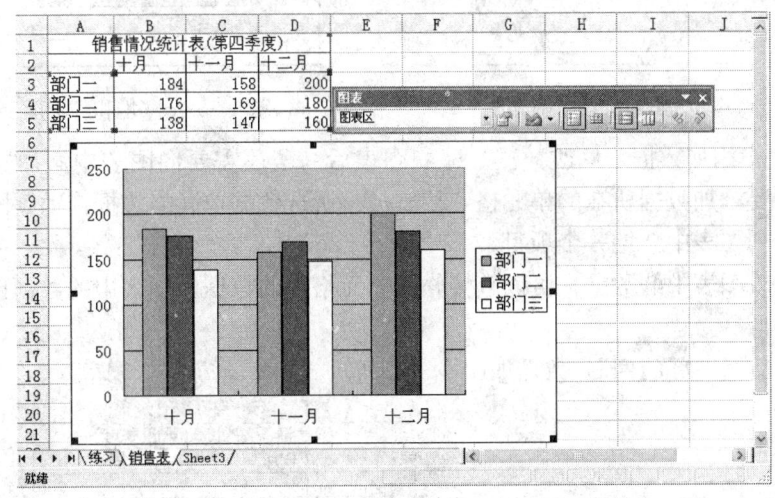

图5—52 添加图表后的效果

**二、编辑图表**

1. 调整图表的大小和位置的方法有：

（1）单击图表的空白处，在图表的四周边框产生八个小黑方块（称为控点），表明该图表被选中。

（2）将鼠标指向图表的任意位置，指针呈空心箭头时，按住鼠标左键拖动至合适位置；用鼠标拖动任意一控点，即可实现图表的横向、纵向、斜向的大小缩放。

选中的图表，可以用复制、粘贴的方法将其复制；也可以使用Delete键将其删除。

2. 更改图表的类型。选中图表，单击右键，在弹出的快捷菜单中选择"图表类型"命令，在"图表类型"对话框中，如图5—53所示，可以更改图表的类型。本例选择"堆积柱形图"，如图5—54所示。

3. 为图表添加标题，设置坐标轴名称。选中图表，单击右键，在弹出的快捷菜单中选择"图表选项"命令。在"图表选项"对话框中，选择"标题"标签，在"图表标题"、"分类（X）轴"和"数值（Y）轴"中分别输入"销售情况表"、"月份"和"数量"，修改后的图表如图5—55所示。

图5—53 "图表类型"对话框

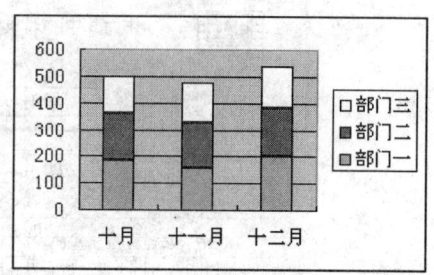

图5—54 "堆积柱形图"图表

4. 向图表中添加数据、修改数据。建立图表后，若还需要向图表中添加数据，可以直接用鼠标选中要添加数据所在的单元格，用鼠标将所选数据单元格边框拖动到图表中，释放鼠标，就会看到图表中新增一个项目。

如果要更改图表中的数据，可以直接修改单元格中的数据，图表中的数据也会跟着相应的变化。

在本例中新增"部门四"，数据如图5—56所示。

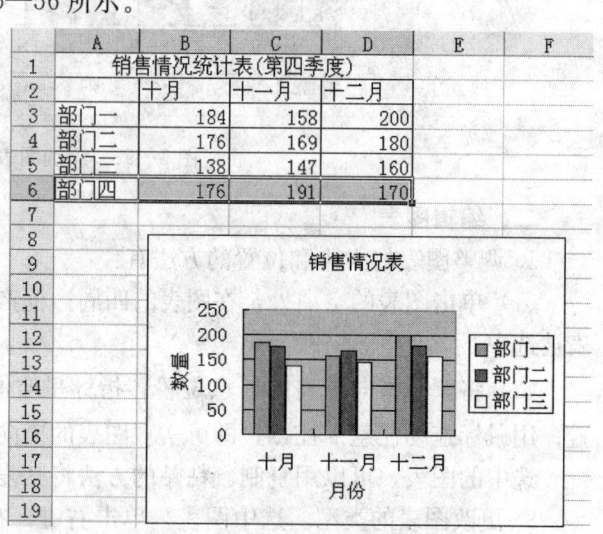

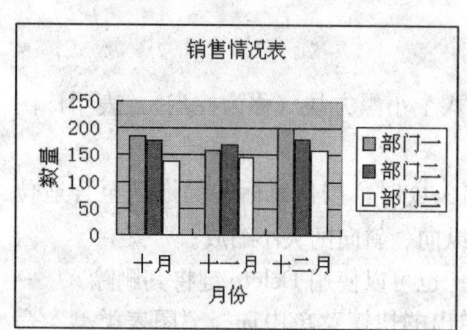

图5—55 添加标题和坐标轴的图表　　　　图5—56 新增"部门四"

选中A6：D6区域，移动鼠标指针到区域的边框，当鼠标变成 ，拖动鼠标至图表中，如图5—57所示，并释放鼠标左键，此时，"部门四"的销售情况就会添加到图表中，如图5—58所示。

### 三、图表的修饰

图表的修饰就是对图表的各个组成部分重新设置格式，包括对图表中文字的字体、字型、字号和背景图案的设置。

· 124 ·

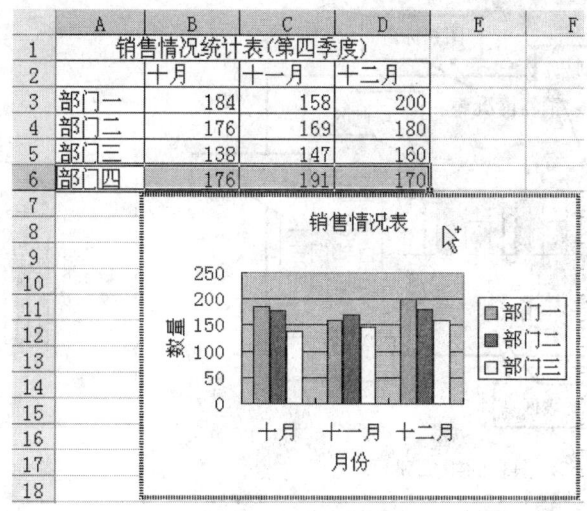

图 5—57 向图表中拖动数据

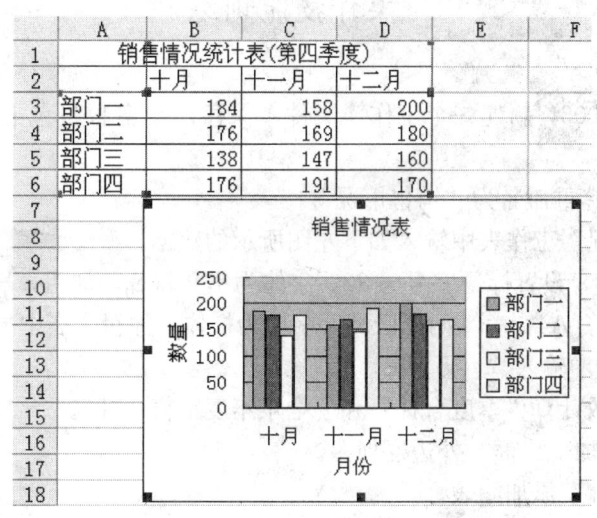

图 5—58 新增"部门四"的图表

若要对图表的各组成部分设置格式，必须选中要设置格式的图表对象，可以通过图表工具进行选择，也可以用鼠标单击选某个对象。图表中各个对象如图 5—59 所示。

1. 设置背景图案格式。对于图表区、绘图区、标题、图例等部分可以设置其背景图案。方法：选中对象，单击鼠标右键，在弹出的快捷菜单中选择相应的格式命令。

2. 设置字体。对于图表标题、分类轴等图表对象，可以设置字体、字号。

设置原图表的图表区填充色为"浅绿色"；图例字体为"隶书"；设置标题字体"仿宋体"，字号 12，红色，加粗；横坐标轴字体为"楷体"，纵坐标轴字体为"新宋体"。图 5—60 所示为修饰后的图表。

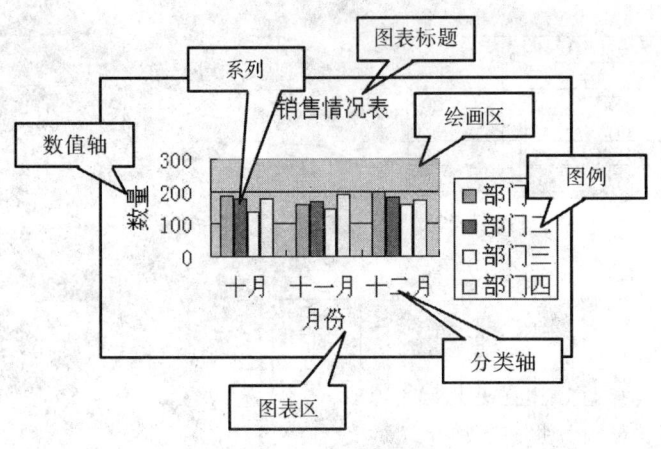

图 5—59  图表的组成项目

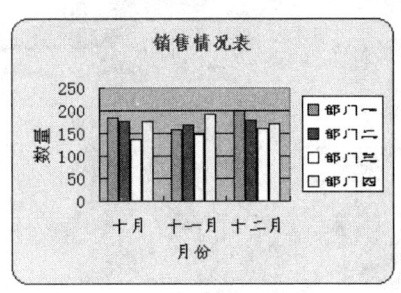

图 5—60  经过修饰后的图表

## 操作技能训练

1. 启动 Excel 2003，新建一个工作簿文件，保存在 D 盘根目录下，命名为"图书销售情况统计表"。
2. 将 sheet1 标签重命名为"销售情况"。
3. 在"销售情况"工作表中输入如下左图所示的数据。
4. 合并 A1：E1，设置标题字号为 22，字体为华文新魏，加粗，居中显示。
5. 设置 B3：E3，A4：A11 两个区域，字体为楷体，加粗，居中显示。
6. 在 E2 单元格中输入"（万册）"。
7. 用公式或函数计算"季度合计"和"全年年度销售合计"。
8. 为 A3：E11 加上边框，外边框加粗。
9. 为"季度合计"添加图表。

效果如下右图所示。

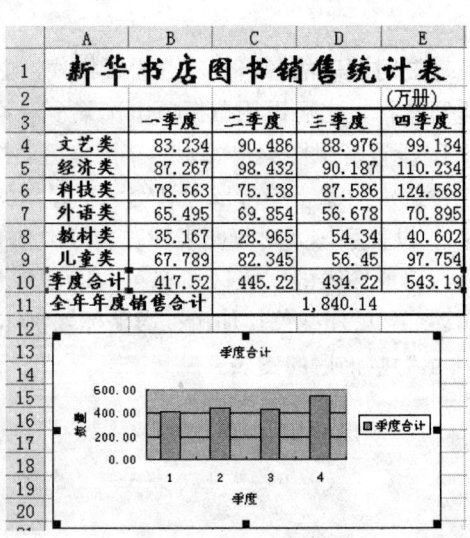

# 第六单元 使用 IE 浏览器访问因特网

## 模块一 IE 浏览器的基本操作

**学习目标**
1. 了解因特网的概念与服务。
2. 掌握浏览器的使用设置。
3. 掌握搜索引擎的使用方法。

### 一、因特网基础及因特网连接
**1. 因特网概念**

因特网（Internet）是世界上最大、覆盖面最广的计算机互联网络，它将全世界不同国家、不同地区、不同部门和机构的不同类型的计算机和各种计算机网络连接在一起形成一个全球性网络，中文名称也称为国际互联网。

**2. 因特网服务**

因特网提供的服务主要包括以下几个方面：

（1）信息浏览。WWW 是 World Wide Web 的缩写，也称为 Web 或 3W，中文称为万维网，是因特网提供的一种多媒体信息查询工具，能提供具有声音、图形、动画及视频功能的服务。

（2）电子邮件（E-mail）。它是一种通过计算机联网与其他用户进行联系的现代通信手段。与普通邮件相比，电子邮件具有高速、价廉、方便，还可以传送声音、图像等多媒体信息。

（3）文件传输（FTP）。通过文件传输程序在因特网上实现远程文件的传输。

（4）远程登录（Telnet）。用户通过命令使自己的计算机暂时成为异地计算机的终端，直接调用异地计算机的服务和资源。

（5）电子公告板（BBS）。电子公告板也称为联机信息服务，是在因特网上设立的电子论坛。

**3. 连接因特网的方式**

用户接入因特网可以使用拨号接入、ADSL 接入、DDN 专线接入、ISDN 接入、Cable Modem 接入、光纤接入、以太网接入方式等。

**4. 因特网常用术语含义**

网络协议是通信各方必须共同遵守的一组规则、约定和标准。因特网使用 TCP/IP

协议。

IP 地址：因特网中的每一台计算机都分配一个唯一的 32 位的地址，该地址称为 IP 地址。

域名：用字符表示的网络中的计算机名称。

统一资源定位符 URL：用于在因特网上按统一方式指明和定位一个 WWW 资源的地址。

## 二、浏览器的使用及设置

### 1. 浏览器的启动和退出

浏览器是帮助人们查询浏览网上信息资源的工具软件。Internet Explorer（简称 IE）是 Microsoft（微软）公司的产品。在通常情况下，可以有三种方式启动"Internet Explorer"浏览器：

（1）双击电脑桌面上的"Internet Explorer"浏览器图标。

（2）单击"开始/程序"中的"Internet Explorer"菜单选项。

（3）单击快速启动栏的"Internet Explorer"图标。

退出方式：

（1）单击主窗口右上角的关闭按钮。

（2）单击浏览器"文件"菜单中的"关闭"菜单项。

### 2. 认识浏览器窗口

启动 IE 浏览器后，屏幕上会出现用户预先选定的首页。这里用的是新浪网首页。图 6—1 所示为浏览器的窗口。

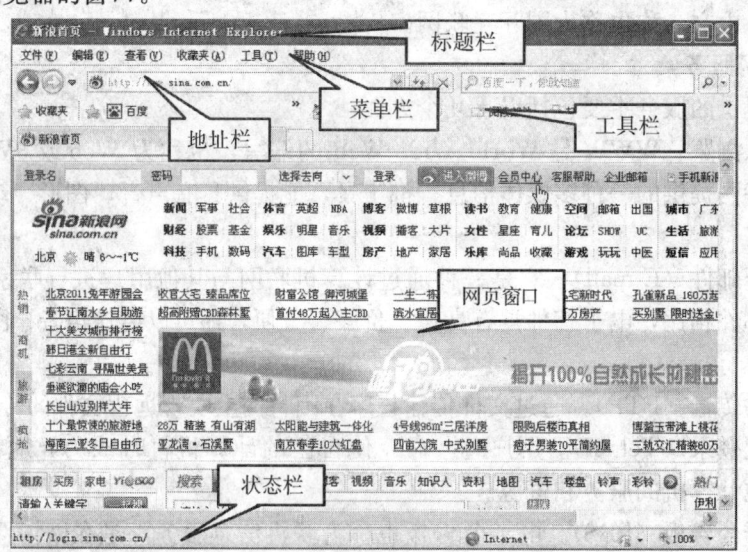

图 6—1 浏览器窗口

该窗口自上而下由以下几部分组成：

标题栏：在访问因特网上的某个网站的主页时，该主页的标题将会显示在标题栏上。

菜单栏：共由六个菜单项组成，即"文件"、"编辑"、"查看"、"转到"、"收藏"和"帮助"菜单项，每个菜单项包含一组菜单命令。

常用工具栏：由一些工具按钮组成，用于控制网页的浏览、存储、打印、编辑等，以及对邮件的处理操作。

地址栏：在此输入需要访问的网站地址。

网页窗口：当浏览器成功地连上指定网站后，网站上的网页即可被打开并显示在该窗口中。

状态栏：显示浏览器的当前状态，如与网站的链接情况、信息文件的下载情况、数据传输速度等。有的网站上的网页还可利用状态栏显示一些活动信息。

**3. 使用浏览器浏览网页**

（1）输入网址

因特网上的每个网站都有唯一的地址，只要在浏览器的地址栏中输入网站的地址，浏览器就会自动去寻找相应的网站。

操作方法是用鼠标单击地址栏的文本框，先输入 http：//用于指定浏览 WWW 网页的 http 协议，然后再输入网站的域名或 IP 地址，如图 6—2 所示，最后按"转到"按钮，或回车键开始连接网页地址 URL 所对应的网站。

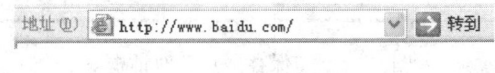

图 6—2　地址栏

（2）进入主页

网站连接成功后，首先显示在浏览器窗口中的是网站的主页信息，主页上有一些标有颜色或下划线的文字、图标或图像。将鼠标指针移动到它们上面时箭头变成了手形，表明此处有一个超链接。单击超链接就可以打开相应的内容。

（3）浏览网页

可以像浏览 Word 文档一样利用滚动条来浏览网页，在浏览过程中可以使用常用工具按钮，方法如下：

1）后退按钮：返回到上一页，可单击工具栏上的"后退"按钮，单击一次，后退一页。"前进"按钮和"后退"按钮的作用相反。

2）停止按钮：当浏览器从远端服务器上下载信息的过程中，可以单击停止按钮来中止下载。

3）刷新按钮：在网页信息显示不完整，甚至不正确的情况下，可以单击"刷新"按钮，重新将当前的网页从服务器上传输到本地。

**4. 保存网页内容**

（1）保存当前网页：单击"文件/另存为"，在打开的对话框中选择保存位置，输入文件名，单击"确定"即可保存网页，如图 6—3 所示。

**注意：** 网页也可以保存为文本形式。在保存类型下拉列表中选择文本文件（*.txt）即可。

（2）保存网页上的图像：选中图像，单击鼠标右键，在弹出的快捷菜单中选择"图片另存为"，如图 6—4 所示，在弹出的对话框中，选择图像的保存位置，并输入文件名。单击"确定"即可。

（3）将网页上的文本复制到其他文档中：选中所需内容，单击鼠标右键，在弹出的快捷菜单中选择"复制"命令，打开其他文档程序，执行"粘贴"命令，从而完成对文本的复制。

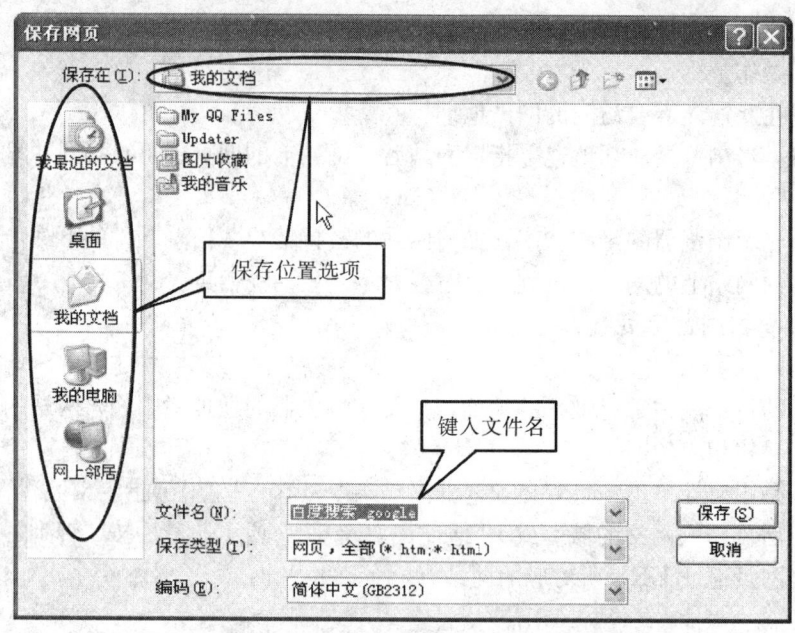

图6—3 "保存网页"对话框

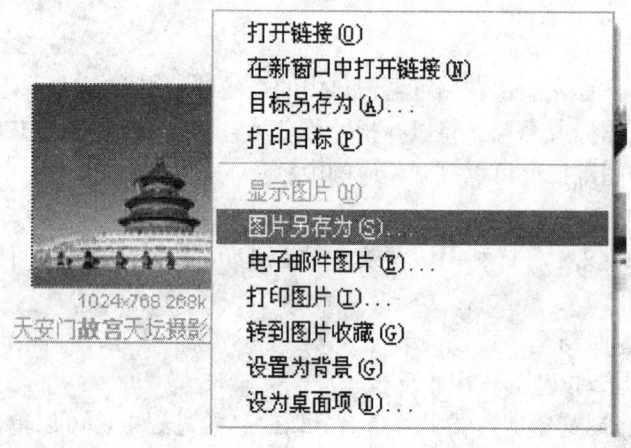

图6—4 右击图片弹出快捷菜单

（4）将网页中的图片作为桌面背景：选中图片，点击鼠标右键，在弹出的快捷菜单中，选择"设置为背景"命令。

**5. 收藏夹的使用**

收藏夹位于收藏菜单和标准按钮栏上，用户可以把常用的网址保存在收藏夹中。

（1）保存当前网页网址：选择"收藏/添加到收藏夹"菜单命令，在名称框中输入网页名称，点击"确定"按钮即可，如图6—5所示。

（2）使用收藏夹：单击"收藏"菜单之后，单击网站名称，即可打开收藏的网页。

（3）整理收藏夹：单击"收藏夹"菜单，选择"整理收藏夹"，出现"整理收藏夹"对话框，如图6—6所示，在此对收藏夹内容进行整理，包括创建文件夹、移动、删除网站名等。

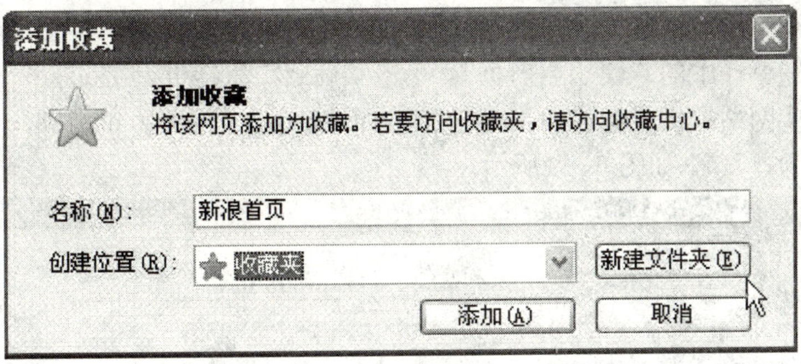

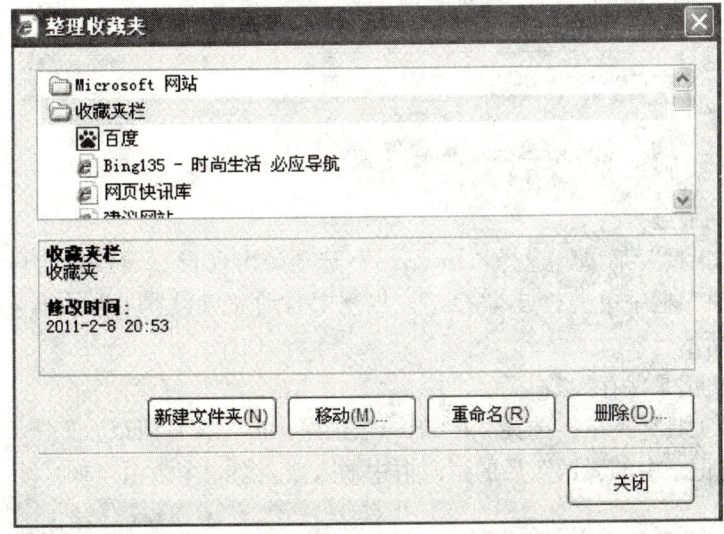

图 6—5 "添加收藏"对话框

图 6—6 "整理收藏夹"对话框

## 6. 浏览器设置

（1）主页设置

方法一：选择 IE 的"工具"菜单，选择"Internet"选项，出现 Internet 设置窗口，如图 6—7 所示，在"可以更改主页"一栏中输入要设置首页的网站地址，例如："http://www.hao123.com"，单击"确定"按钮，关闭对话框。

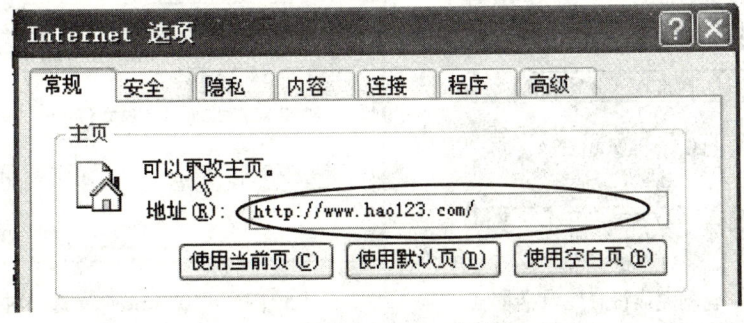

图 6—7 主页设置

方法二：登录到希望设置为主页的 Web 页，如"新浪首页"，依照"方法一"调出对话框，单击"主页"一栏中的"使用当前页"，单击"确定"后即可。

方法三：有些网站提供设置主页的超链接，如"http：//www.hao123.com"网站，点击右上角的"设为首页"，如图 6—8 所示。

图 6—8  "网址之家"设置首页链接

（2）清除上网痕迹

单击 IE 的"工具"菜单，选择"Internet"选项，出现设置窗口，选择"内容"选项卡，在"个人信息"栏中单击"自动完成"，出现"自动完成设置"对话框，单击"清除表单"，如图 6—9 所示。

（3）指定历史记录保存天数

单击 IE 的"工具"菜单，选择"Internet"选项，出现设置窗口，如图 6—10 所示，在"网页保存在历史记录中的天数"后的微调框中输入或调整一个数值，如"20"。

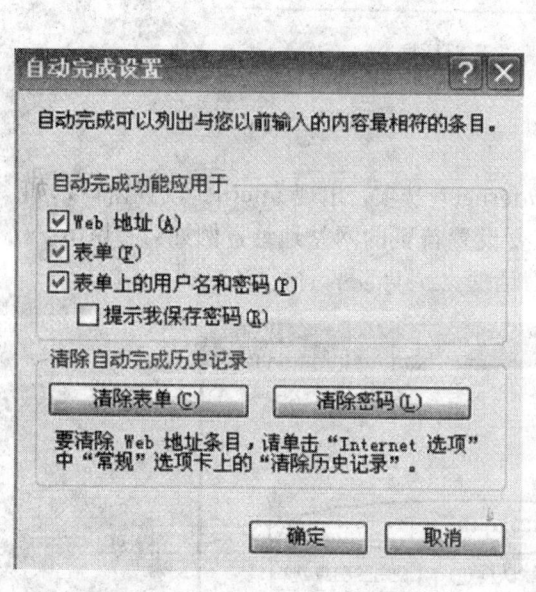

图 6—9  "自动完成设置"对话框　　　　图 6—10  Internet 选项对话框

**7. 设置文字的大小**

浏览网页时，如果文字大小不合适，可根据需要自己设置，方法如下：

点击"查看"菜单,从"文字大小"中选择一个合适的文字大小。

**8. 使用搜索引擎搜索网上的信息**

搜索引擎是指互联网上专门提供查询服务的网站。这些网站通过复杂的网络搜索系统,将互联网上大量网站的页面收集到一起,经过分类处理并保存起来,从而能够对用户提出的各种查询作出响应,提供用户所需的信息。常用的搜索引擎如:

| | |
|---|---|
| 百度 | www.baidu.com |
| 中国雅虎 | cn.yahoo.com |
| 新浪搜索引擎 | www.sina.com.cn |
| 网易搜索引擎 | www.163.com |

使用搜索引擎查找信息或站点,要注意合理设置搜索关键字,才能找到更接近于所要查找的内容。图6—11所示为百度搜索引擎页。

图6—11 百度搜索引擎页

## 模块二 电子邮件的基本操作

**学习目标**

1. 掌握电子邮箱格式。
2. 掌握电子邮箱的申请方法。
3. 掌握电子邮件的发送与接收。

**一、电子邮件**

**1. 电子邮件概述**

电子邮件(E-mail)是Internet被使用最为普遍的功能之一,它和普通邮件的用途相同，但比普通邮件的传递速度快，从用户计算机传达到世界各地通常只需要几分钟。电子邮件可以传递文本、图像及声音。使用电子邮件必须有提供收发电子邮件的服务器、负责收发电子邮件的程序和电子邮件账户。

邮件服务器是为用户提供电子邮件收发服务的设备。邮件服务器分为邮件发送服务器（Simple Mail Transfer Protocol，简称 SMTP）和邮件接收服务器（Post Office Protocol，简称 POP 或 POP3）。前者负责电子邮件的发送，后者负责电子邮件的接收。有时这两种服务由同一计算机主机负责，但要分开设置。

电子信箱是邮件服务器上的存储区。用户寄出的电子邮件通过 Internet 投递到对方的电子信箱，而接收的电子邮件将存放在用户的电子信箱中。电子邮件服务器 24 小时开机，无论用户是否开机或上网，所有寄给用户的邮件都将正常投递到电子信箱中，上网后就可从电子信箱中取出进行阅读处理。

电子信箱账号就是电子邮件地址。电子信箱通常由 Internet 服务提供商（ISP）提供，很多商业网站提供免费的电子信箱服务。用户只需要连接到该网站填写申请表并得到确认就可以获得一个电子信箱。

电子邮件（E-mail）地址的格式为：用户名@电子邮件服务器名称。如：ligangfs@sohu.com。其中，ligangfs 是 E-mail 账号的用户名；@读作"at"，是取地址的符号；sohu.com 是电子邮件服务器的名称。

**2. 申请免费 E-mail**

收发电子邮件必须要有一个电子邮箱，很多 ISP 都为用户提供电子邮件服务，这些服务有些是收费的，有些是免费的。

在搜狐（http：//www.sohu.com）网站上申请一个免费的电子邮箱的方法如下：

步骤1：在浏览器地址栏中输入提供免费电子邮件服务的 ISP 地址，打开其主页，例如：http：//www.sohu.com。

步骤2：在主页中单击网页上部邮箱的"注册"按钮，打开邮箱注册界面，如图 6—12 所示。按照屏幕提示依次填好各项内容，如用户名、密码等。

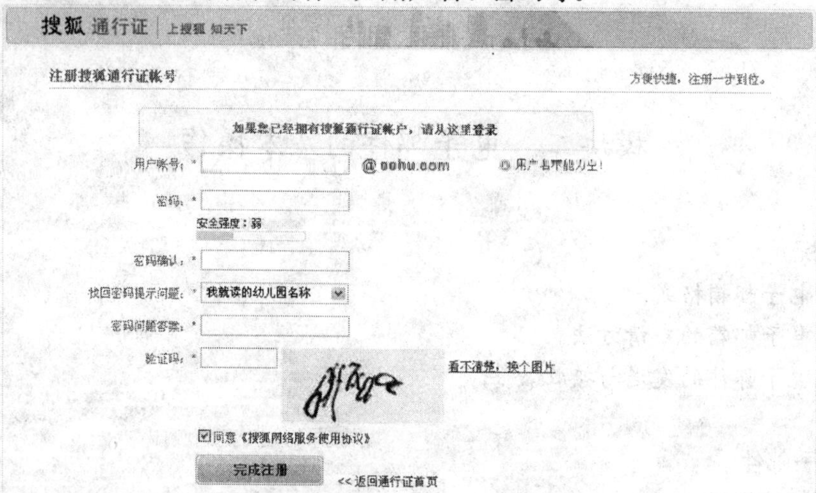

图 6—12 搜狐邮箱注册界面

步骤3：提交后，看到成功提示即可。

### 3. 登录邮箱

进入搜狐主页，在左上角免费邮箱登录栏的用户名文本框中输入用户名、在密码栏中输入密码，单击"登录"按钮，进入图6—13所示的邮箱管理界面。

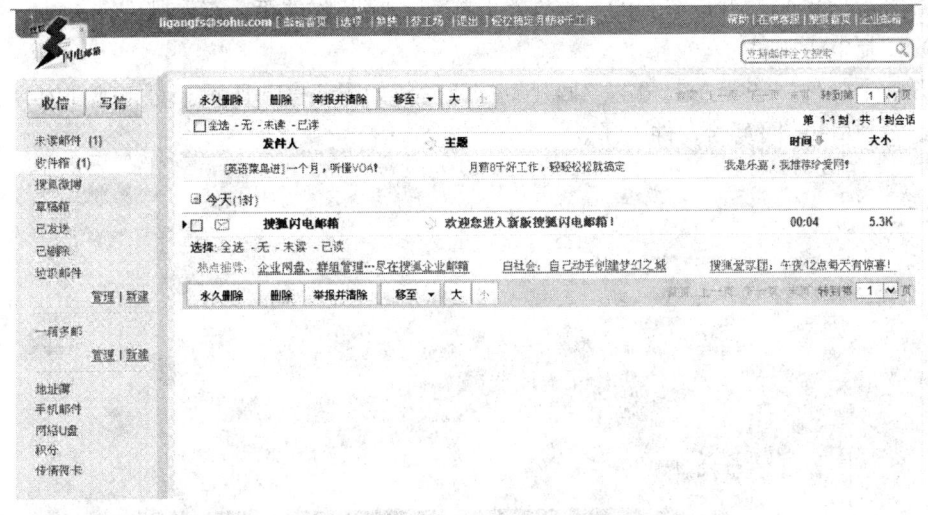

图6—13　邮箱管理界面

### 4. 收发电子邮件

可以直接在浏览器的页面中收发电子邮件，也可以使用专门的客户端的电子邮件软件收发电子邮件，如 Outlook Express，Foxmail 等。

（1）撰写邮件

在邮箱管理界面中，单击左侧的"写信"按钮，打开"写信"对话框，如图6—14所示。

图6—14　"写信"对话框

单击"收件人"文本框,在其中输入邮件的接收地址,如:yihglhgf4567@sohu.com。

在主题栏中输入邮件的主题,在邮件内容文本框中输入邮件信息的内容,如果需要粘贴附件,点击"添加附件"按钮。单击"发送"按钮,邮件就被发送出去了。

(2) 接收电子邮件

在邮箱管理界面,点击左侧的"收件箱"按钮,打开收件箱,查看邮件。

(3) 回复电子邮件

打开一个邮件,选择左上角的"回复"按钮后,如图6—15所示。写完邮件内容后,点击"发送"。邮件就回复给发件人了。

图6—15 回复发件人界面

(4) 保存联系人中的邮件地址

在收件箱里打开要阅读的邮件,点击发件人"保存到地址簿"就可保留该发件人的地址在地址簿中,以后使用该邮件地址时,只需在"收件人"对话框中点击,然后在"联系人"中单击选中即可,如图6—16所示。

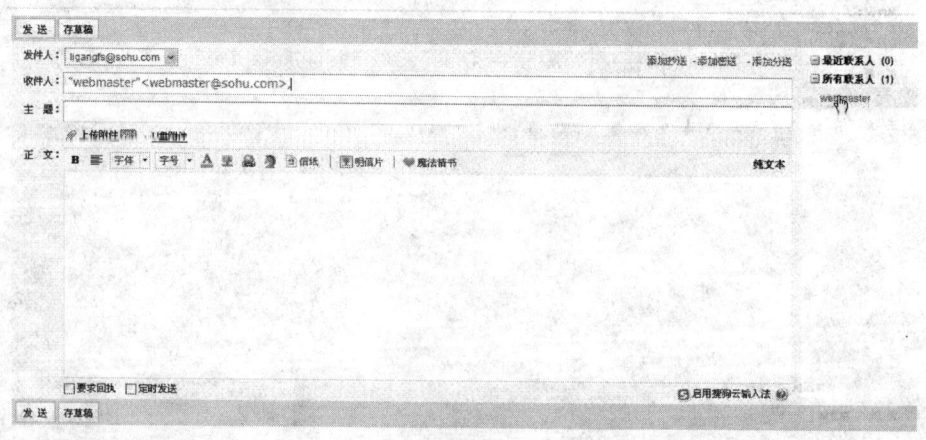

图6—16 使用联系人中的地址

## 二、Outlook Express 的设置与使用

Outlook Express 是 IE 浏览器的组件之一，具有强大的邮件处理功能。Outlook Express 是基于 Internet 标准的电子邮件通信程序，不仅具有访问 Internet 电子邮件账号、接收、回复和发送电子邮件等基本功能，而且还具有许多特殊功能，使用户在管理和收发电子邮件时更加方便，并给电子邮件添加更多、更丰富的内容。

### 1. 设置 E-mail 服务器及账号

通过任务栏中的"开始"菜单，在"程序"中启动 Outlook Express。在 Outlook Express中，选择工具菜单的"账号……"菜单项，打开"Internet 账户"对话框，如图 6—17 所示。

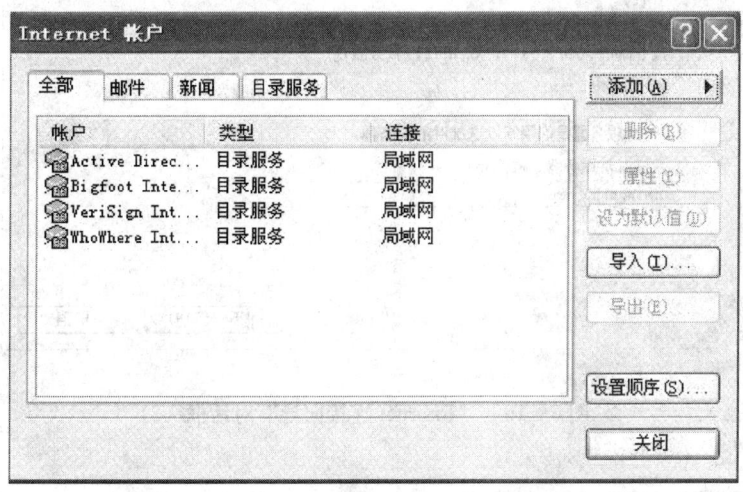

图 6—17 "Internet 账户"对话框

选择"添加"按钮的"邮件……"，打开"Internet 连接向导"对话框，在"显示名"后的文本框中输入姓名或其他任意字符，用来标识邮箱，如图 6—18 所示。

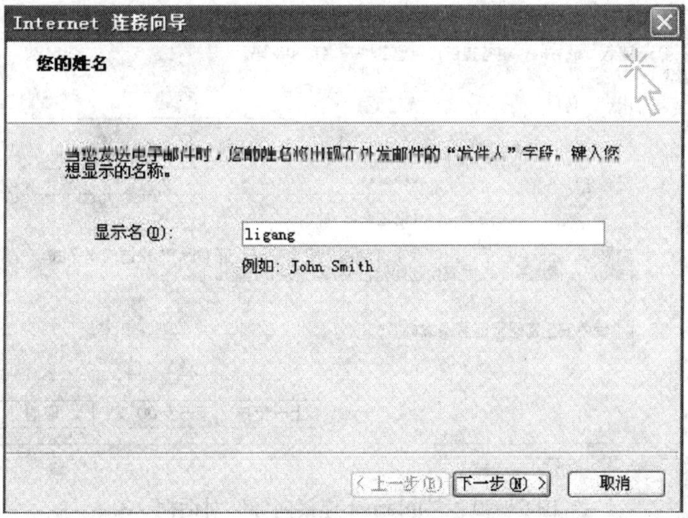

图 6—18 "Internet 连接向导"对话框（1）

单击"下一步"后,输入正确的电子邮件地址。再单击"下一步",如使用搜狐邮箱,在"接收邮件服务器"和"发送邮件服务器"后分别输入 pop3.sohu.com 和 smtp.sohu.com,如图 6—19 所示。

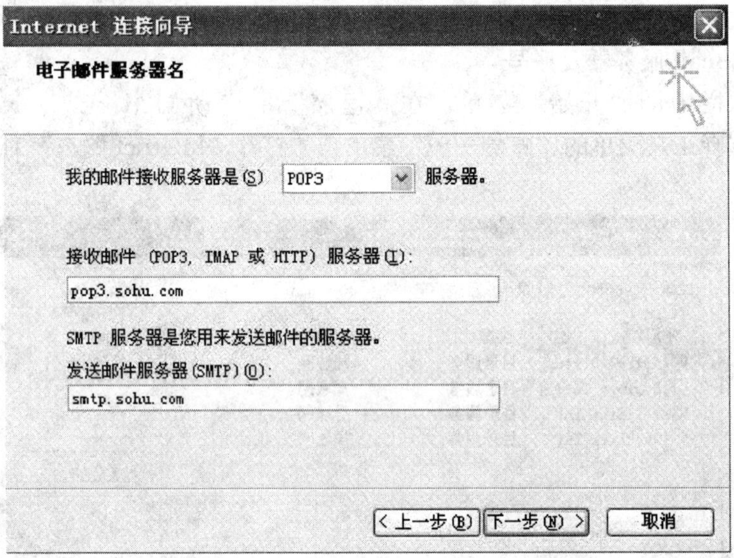

图 6—19 "Internet 连接向导"对话框(2)

单击"下一步",输入账号名和密码,如图 6—20 所示。

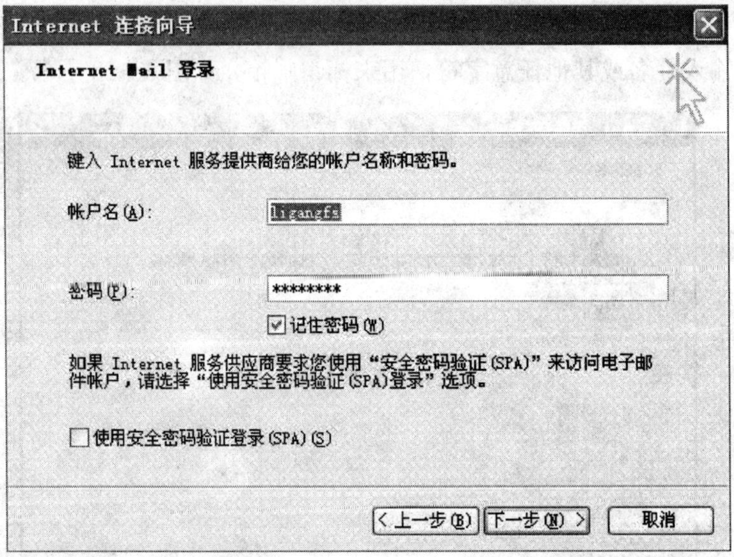

图 6—20 "Internet 连接向导"对话框(3)

单击"下一步"选择"完成"设置。

**2. 接收和发送电子邮件**

单击工具栏上的"发送/接收"按钮，就可以在"收件箱"中接收查看邮件。单击工具栏上的"创建邮件"按钮，在其中填写邮件信息，然后单击"发送"按钮发送邮件。

## 操作技能训练

1. 打开中华网（http://www.china.com/），将该页以"中华.htm"为文件名保存在"我的文档"中。

2. 进入中国散文网（http://www.sanw.net/），打开"散文周刊"下的"翠华云水"文章，利用复制、粘贴的方法，将网页中的所有文字用 Windows 附件中的"记事本"保存到桌面。文件名为：chys.txt。

3. 将搜狐网（http://www.sohu.com/）保存为桌面快捷方式。

4. 将 IE 的浏览主页设置为新浪网，网址为"http://www.sina.com.cn/"。

5. 将网页"http://www.skycn.com/soft/4 934.html"中的"腾讯 QQ 2008 贺岁版"下载到桌面，文件名为：qq2008。

6. 启动 IE，使用"搜狐"提供的搜索引擎，查找朱自清的《荷塘月色》，阅读全文并将该页面保存在收藏夹中。

7. 使用百度搜索引擎（http://www.baidu.com）查找《童年》的 mp3 歌曲，并使用网际快车 FlashGet 下载该歌曲，保存到 C:\downloads，文件名为"童年.mp3"。

8. 使用百度搜索引擎（http://www.baidu.com）查找"photoshop 视频教程"，找到后打开该网页，并将其存入收藏夹。

9. 在收藏夹里创建一个名为"图片处理"的文件夹，并将收藏夹中"Photoshop 视频教程"网址移至"图片处理"文件夹中。

10. 在"网易"上申请一个免费电子邮箱。

11. 启动 Outlook Express，完成以下操作。

（1）按下列要求设置电子邮箱账号：

1）显示姓名：输入第 11 题中申请的网易邮箱的用户名。

2）电子邮件地址：自己的电子邮箱地址，如"stkaoshi@163.com"。

3）POP3 服务器地址：pop.163.com；SMTP 服务器地址：smtp.163.com。

（2）打开通讯簿，在通讯簿中新建联系人，如：张毅，电子邮件地址为：byliming@163.com；马平，电子邮件地址为：bywangping@163.com。在通讯簿中新建"好友"组，组员：张毅、马平。

（3）阅读主题为"欢迎使用 Outlook Expres"的邮件；回复邮件，并抄送给张毅和马平。

（4）发送一封邮件给好友，如：youyafenyou@163.com，主题为"请教一个问题"，正文为"老师您好：……"，选择一个小于 2 M 的文件作为附件，将邮件发送出去。